U0382417

美国黄石国家公园生态管理的历史考察
（1872—1995）

王俊勇 —— 著

中国社会科学出版社

图书在版编目（CIP）数据

美国黄石国家公园生态管理的历史考察：1872—1995 / 王俊勇著. —北京：
中国社会科学出版社，2021.12

ISBN 978 - 7 - 5203 - 9049 - 1

Ⅰ.①美… Ⅱ.①王… Ⅲ.①国家公园—生态环境—环境管理—研究—美国
Ⅳ.①S759.997.12

中国版本图书馆 CIP 数据核字（2021）第 181301 号

出 版 人　赵剑英
责任编辑　安　芳
责任校对　张爱华
责任印制　李寡寡

出　　版　中国社会科学出版社
社　　址　北京鼓楼西大街甲 158 号
邮　　编　100720
网　　址　http://www.csspw.cn
发 行 部　010 - 84083685
门 市 部　010 - 84029450
经　　销　新华书店及其他书店

印　　刷　北京明恒达印务有限公司
装　　订　廊坊市广阳区广增装订厂
版　　次　2021 年 12 月第 1 版
印　　次　2021 年 12 月第 1 次印刷

开　　本　710×1000　1/16
印　　张　15.5
插　　页　2
字　　数　202 千字
定　　价　89.00 元

目　　录

自 序

　　进入环境史领域与我工作单位和单位所在地密不可分。我的工作单位是林业类高校，自2004年进入单位以来，虽一直蹉跎岁月，但耳濡目染，对树木、茶叶、野生动物等总有一些接触。学校还有一个在国内较为知名的标本馆，肇始于中华人民共和国成立前，凝聚了几代林学学人的努力与心血。恰好我在2008年参与了学校校史的编写，对于前辈林学学者与标本馆的认识不断加深。这都成为我后来选择研究环境史的因素。我的工作单位位于云南省昆明市，地处西南区域，森林资源丰富，野生动物种类繁多。有关热带雨林的故事常常被讲述，比如望天树。2013年1月我去了西双版纳，见识了望天树的雄奇，那高耸入云的高度，那笔挺的身躯，在森林中有种孤傲的感觉。但是令人遗憾的是，景区为了吸引游客，在众多望天树树干上搭建一座天桥，供游客游览。在云南，常常听到大象与当地农民发生冲突。这些现象引发了我的一些思考，促使我对历史上的环境问题展开进一步思索。

　　2013年，我重新回到武汉大学攻读博士学位，生态文明建设在当时成为党和政府高度重视的重大战略问题，对环境问题的关注上升了一个新的高度：生态文明建设不仅关系到人民对美好生活的追求，而且是中华民族永续发展的千年大计。更进一步，党从文明的高度看待生态文明建设，将生态文明视为工业文明之后的新型文明形态。这样，如何开展生态文明建设就成为"时代之问"。我在硕士阶段就学习美国史，博士阶段仍然继续从事美国史的学习与研究。此时恰好是我国开始探索国家公园建设的时期。2013 年 11 月，党的十八届三中全会首次提出建立国家公园体制，建设国家公园成为我国生态文明建设的重要内容。2015 年 9 月，中共中央、国务院印发了《生态文明体制改革总体方案》（中发〔2015〕25 号），强调国家公园要"保护自然生态系统和自然文化遗产原真性、完整性"，提出国家公园体制应"加强对重要生态系统的保护和利用，改革各部门分头设置自然保护区、风景名胜区、文化自然遗产、森林公园、地质公园等的体制"。美国首创"国家公园"这种自然生态系统保护形式，其保护历程有成功经验，亦有值得借鉴之处。于是，我将博士论文选题确定为美国黄石国家公园，希望给中国的生态文明建设提供一些借鉴。历史学虽然不直接研究现实问题，但还是要有现实关照的。

　　本书涉及一个重要的概念，即"荒野"，这是美国国家公园构建的核心概念。有学者指出，罗德里克·纳什的《荒野与美国的思想》与塞缪尔·海斯的《保护与效率》是环境史产生的标志，这表明美国早期环境史关注的重点是美国的荒野。纳什构建的荒野文化中，国家公园是重要的荒野之一，世界上第一块较大面积荒野的保存就是 1872 年成立的黄石国家公园。在纳什看来，荒野是一种文化，代表着美国的精神。事实上，在荒野的文化建构中，美国的知识精英发挥了集体的作用，有自然主义思想家亨利·梭罗、约翰·缪尔，有生态伦理学家奥尔多·利奥波德，还有画家乔治·卡特琳及作家杰克·伦敦、埃德加·伯勒斯等，荒野被塑造成美国独特性和崇高精神的象征。荒野构成了美国人的集体意识，而黄石国家公园是被保存的第一块，也是最为典型的荒野，因此黄石国家公园的发展与保护也总是牵动着美国人的神经，甚至成为世界广受关注的重要话题。那么，这种荒野观是否对于中国的生态保护或者国家公园建设有借鉴意义呢？

国内学者大体有两种不同认识，一些学者认为中国人根本就没有荒野概念，荒野概念的出现是由于美国现代化程度较高，美国人追求更优质的自然生态。而中国目前还处于发展阶段，首先解决的还是发展问题，并处理好发展与保护的关系，但不是盲目追求所谓的"荒野"。更多学者认为，美国的荒野概念反映了人类对大自然的保护，体现了人与自然的关系，美国的荒野保护经验和教训值得中国学习。这些学者从不同侧面进行了阐述，有学者指出，"野性作为荒野的原始属性，成为人们在后现代空间中获得自然经验的关键特征，也是后现代荒野概念的核心维度"，强调荒野的野性美，突出现代社会中获取自然体验的现代价值。有学者指出，美国早期国家公园并未真正从生态学角度考虑"完好无损地"保护荒野，而主要是基于荒野景观所具有的精神文化和旅游娱乐价值而保护荒野。有学者指出，美国人保护荒野既看中荒野的多重价值，也要平衡文明与荒野的关系，破解文明过度扩张、压缩荒野空间的问题，强调利奥波德的生态学智慧，是破解荒野保护的必由之路。国内环境史开拓者侯文蕙教授提出，探求美国荒野意识之来龙去脉的意义在于"让文明所创造的技术能更符合生态共同体运行的规律"。更有学者认为，世界已经形成了荒野保护运动，这对中国积极参与提出了迫切要求。中国应根据本国实际构建自己的荒野研究框架。北京大学俞孔坚教授更是提出城市荒野概念，将之称为另一种文明，并提出"捍卫城市荒野时人类走向更高层次文明的必经之路"。

从本书研究来看，美国对荒野的保护实践是值得我们学习和借鉴的。黄石地区并非一块无人居住的土地，在白人尚未踏入这片土地之前，印第安人一直在这里生活，但是他们人数不多，依靠很简单的劳动工具，利用自然维持着生存，与自然保持着原初和谐的状

态。甚至在 1872 年黄石国家公园建立之初，该地区还维持着维持
着自然生态的原初性和完整性。然而，在公园成立不久，随着人类
的不断介入，自然生态的原初性和完整性遭到了破坏，最令人关注
的是野生动物被大肆屠杀，生态链出现了断裂。本应该被保护的黄
石国家公园却形成了以旅游服务为导向的国家公园管理政策，构建
了一种不符合荒野保护精神的和生态学原则的国家公园管理文化。
人类对黄石国家公园生态的破坏使得人类付出上百年的时间去恢
复。在这百年间，人类发展新的思想，形成新的管理文化，改变错
误的行为模式。这一历程的漫长，获得经验与教训，有几个方面值
得借鉴：

　　一是对生态系统的深刻认知。黄石公园提供了一个非常好的观
察生态系统变化的个案，这是因为黄石公园具备一些特征。这里是
典型的、多样化的且面积较大的生态系统。单公园本身的面积就达
7988 平方公里，如果以公园为中心来观察"大黄石生态系统"，则
面积高达 1900 万英亩，包括七个国家森林、两个国家公园、三个
联邦野生动物庇护所，堪称美国土地上的名副其实的最丰饶区域之
一。该区域被描述为"大片连续的森林覆盖的山地，未开发的草原
和盆地，它们包围着黄石国家公园，包括了 48 个本土州最富饶、
几乎完美的多样化的野生动植物和荒野"。而黄石公园的壮丽景观、
民族主义象征景观更使得这一块土地成为世人关注的对象。因此，
在黄石公园发生的生态故事，包括生态的变化、人与自然之间的互
动，都会引发人们的广泛关注。黄石地区 1872 年设立国家公园，
迄今已经一百多年了，人类对它的这种较长时段的关注，增加了人
类对生态系统复杂性的认识。

　　美国生物学家巴里·康芒纳在他的《封闭的循环：自然、人和
技术》中总结了四条通俗的"生态学法则"，第一条法则是"每一
种事物都与别的事物有关"，既强调生态系统内部联系网络的存在，

也指不同生物组织间的联系。而一个生态系统的联系可能会因为环境污染而被切断，或者生态系统因人为简化而破坏其内部联系，这两种情况都可能会使得系统难以承受压力和抵御最终的崩溃。第二条法则是"一切事物都必然要有其去向"。这个法则告诉我们，在自然界中没有"废物"的存在。在每个自然系统中，由一种有机物所排泄出来的被当作废物的那种东西都会被另一种有机物当作食物而吸收。而环境问题的存在原因之一是大量的物质并不存在于它所属的位置，并且累积起来，成为地球上的多余物。第三条法则是"自然界所懂得的是最好的"。这一点最为突出地反映了作者的环保人士的立场，他认为，任何在自然系统中主要是因人为而引起的变化，对那个系统都有可能是有害的。第四条法则是"没有免费的午餐"。他再次警告人们，每一次获得都要付出某些代价。康芒纳的总结比较通俗易懂，以这几条生态法则观察黄石公园的生态系统的百年变化，我们能更深刻地理解公园中的复杂网络的联系，以及人在其中的地位。

这百余年恰好是生态学产生并获得持续发展的时间。生态学概念首次出现在 1869 年，它建立了新的对自然的理解方式和思维方式，使我们得以从新的视角去观察自然和解释现实世界，这种新的认识就是基于对相互依存的以及有着错综复杂联系的世界图景的揭示。生态学并非止步不前，而是不断发展、不断丰富和深化对自然界辩证联系和发展的认识。

生态学经历了范式的不断变化，"生态科学对自然图景的描绘，经历了一个从平衡到混沌、再到复杂的变迁历程"。自然平衡论是经典生态学理论范式形成的理论基石，它也体现了东西方传统文化的一部分，因此它是历史最悠久、影响最广泛、意义最深远的生态学理论。平衡理论往往把生态系统看作封闭的、具有内部控制机制的、可预测的以及确定型的。因此，平衡范式强调生态系统的平衡和稳定性，无疑，这两个概念在现代生态学中处于核心地位。

但是生态事实和生态学科的发展告诉我们，自然界并非处于均衡状态，经典的平衡范式往往难以解释实际的生态学现象。于是生态学家开始注意转瞬即逝、无法预测、令人惊慌的自然现象，而这些现象是经典生态学所竭力回避和无法解释的。恰逢此时，混沌理论为勇于创新的生态学家找到了理论上的支持。新一代生态学家认为非线性、非稳定、不可逆和不规则才是自然界的真实图景，他们更加强调随机事件、空间异质性、格局和过程相互作用以及开放系统特征的非平衡观点。

混沌生态学理论重新定义了自然现象的复杂性，但并不意味着人类面对如此复杂的自然毫无办法，用于探索的人们开始在复杂性中理出一个头绪，在不规则中探求规则。等级缀块动态范式为探求复杂性中的规则提供一种途径，将生态学系统视为由缀块镶嵌体组成的包容型等级系统。系统动态是也只能是缀块动态的总体反映。在具有等级结构的生态学系统中，系统的动态是小尺度缀块和大尺度镶嵌体变化的总体表现。这一范式在承认生态现象复杂性的基础上，通过"尺度感"，在一定程度上寻找理解生态复杂性的途径。

自建立以来，黄石公园生态管理理念的不断更新也正与生态学科的发展一致，公园成立后很长一段时间奉行的管理理念就是"自然平衡"。由于人类干预痕迹太重，公园的生态实际上难以达到平衡。"自然规制"随后主导了公园的管理理念，它强调人类不要过多干预自然，自然会有自身动力恢复机制。然而，之前人类干预过多导致的生态破坏，"在自然规制"管理理念指导下难以得到恢复。强调"大尺度"的"大黄石生态系统"管理理念成为黄石地区生态管理的新理念，它不仅是黄石地区自身探索的结果，而且反映了等级缀块动态生态学范式的影响。"大黄石生态系统"突出了"大尺度"，强调了跨部门、跨学科的协同管理，成为黄石公园管理的历史性转折。

二是对人与自然关系复杂性的认识。不同人群从不同角度讨论这一较大生态系统里发生的各种故事，黄石公园发生的生态故事既是大自然自身运动的结果，也是人类参与的结果；既是人类共同行为影响的结果，也是不同群体相互作用的结果。

人与自然关系之复杂，其中一个方面就是人类对生态的保护。从历史实践来看，人类对生态的保护往往走向事物的反面。人类本就是自然界的一部分，在白人没有大规模踏入黄石地区之前，印第安人就在这里生存、繁衍，并创造文明，在 1872 年黄石国家公园建立之前，这里总体上保持了良好的生态；在建立之后，公园反而遭遇了较长时间的生态破坏。《黄石公园法》规定在黄石地区设立国家公园，禁止人类在此定居，禁止在黄石国家公园内进行毁坏或破坏国家公园的所有砍伐、采矿等行为，并对捕获鱼类和狩猎动物作出明确规定；授权内政部直接管辖黄石国家公园。法案宣示了对黄石地区的保护。然而，这种保护却成了不同群体间的利益之争，演变成对某些野生动物的野蛮屠杀，形成了以旅游服务为中心的管理政策。黄石国家公园的这一悲剧是值得我们警惕的。

另一方面，人类思想的复杂性。在国家公园生态的保护历程中，人类的思想通过各种形式作用于自然生态。生态管理理念的转换意味着人们对自然的理解发生了变化。黄石公园的生态管理经历了从"保存原始自然""自然平衡""自然规制"到"大黄石生态系统"这一思想不断衍化的历程，黄石公园的管理者主要依据生态理念对公园实施管理，本质上反映了人类思想与大自然之间的互动。生态思想的发展和运用到实践中，本身就与公园自身的环境的不断变化密切相关；而生态思想的运用到实践中，又直接塑造了公园的生态环境。公园所具有的旅游价值和经济价值使得公园的管理变得复杂，使得生态思想的运用也变得复杂，黄石公园百年管理的历史就展示了人类与自然关系的复杂性。

关于科学家的作用问题，是本书的一个重点。在这百年中，涌现出了许多对黄石国家公园保护做出突出贡献的重要人物。这其中，有的身居国家公园重要管理岗位，顺应时势，勇于变革，不断推进管理政策的改革；有民间环保人士心忧环保事业，积极参与，努力捍卫黄石公园的生态。对黄石公园生态保护有着独特作用的，当属科学家群体。

自近代以来，科学已经成为整个时代的不可或缺的重要元素。就环境保护而言，更是与生态学的兴起直接相关，生态学为环境保护指明了方向。近代以来，大自然受到人类的影响很大，生态学的研究自然不可能不考虑人类的影响。这样的学科取向促使相当一部分生态学家密切关注近代以来人类活动所造成的破坏性活动。这样，他们就怀有一种学科的理想：他们不仅仅寻求解释世界，而且还要改变这个世界。在黄石公园的管理中，为此理想，甚至出现了科学家与管理方发生激烈争吵的局面，这种激烈争吵一度成为社会舆论焦点。这就引发了社会大众对公园生态的广泛关注，也促使公园管理方反思管理政策，更重要的是促使更多的科学家去关注公园的生态，亦使公园管理方对科学家参与管理管理更为重视了。

美国经济学家托尔斯坦·凡勃伦在1906年发表的论文《科学在现代文明中的地位》中指出，现代文明的特征注重事实，这也是"西方文明实质性的核心"，使得"对于任何需要盖棺定论的重大问题，一般都同意最终交由科学家来处理"。这已经构成了现代社会的文化，成为塑造人们思想意识的主要力量，从而成为塑造人们的生活习惯的主要因素。当然这股力量应该还包括了技术，在当代要把科学与技术截然分开也不可能。在实际上，科学和科学家的作用显得复杂。

复杂性体现为以下情况：当人类大规模控制大自然时，科学还来不及应对，以至于科学力量足够大的时候，它面临的已经是一个残破不堪的大自然了，它不得不谨慎应对生态环境出现的问题。这一现实，使得科学力量变得复杂，甚至有些不可捉摸。不过，我们必须认识到，毕竟科学有它自身经得起考验的一套方法和对于规律的一定程度的揭示。因此，它依然能在复杂的人类利益关系中发挥作用。尤其是关键的概念确定下来时，科学为整个社会提供了思考的基石，创造了一种文化氛围。生态学也是这样，生态学的关键词语生态系统经坦思利解释后，改变了人们对自然生态的思考方式。此后，人们更习惯于用生态系统的思维来考虑生态环境。也就是说，科学家发挥作用的主要方式还是他们的科学成果。

复杂性还体现在，科学研究的不确定性和科学家之间的竞争会加大科学家之间的分歧，这都会使得科学家及其科学成果会带上利益的成分，从而增加了科学和科学家在社会参与中的复杂性。

透视黄石国家公园的百年历史，犹如一面镜子，照见了人与自然之间复杂的关系。

导　　论

一　选题缘由与意义

自人类起源以来，人类的生产生活方式离不开野生动物的生存。没有野生动物的生存，人类在远古时代的生存便难以维系，人类的文化也很难有今天的丰富多彩。同时，早期人类也以诸如图腾崇拜等形式对特定动物群进行保护。然而，人类与野生动物的共生共存并非全是田园牧歌，尤其自工业革命以来，随着人口数量的持续增长，人们对野生动物的营养需要以及其他方面的需要，对野生动物构成了越来越严重的生存压力，人类甚至出于某种需求对野生动物进行血腥的屠杀。与自然界其他生命不同，人类具有主观能动性，即人类既极大地改变了自然环境，也在变化的环境中不断调整自己的生产与生活方式。面对野生动物被屠杀以及野生动物栖息地被持续毁灭的境况，人类开始调整自己的行为方式，采取行动来保护野生动物。

人类与野生动物的这一曲折历史在不同地区以不同形式出现，但在美国黄石国家公园（下文简称黄石公园）的发展历程中呈现出典型性、复杂性的特性。1872 年创建的黄石公园是世界上保存较完好的大生态系统之一，曾经是野生动物的天堂，野牛、狼、麋鹿、熊、山狮等大型动物在此区域都有分布。譬如，黄石公园的一个重要历史特征是"自史前时代起野牛就一直存活于此的世界上唯一的地方"①。黄石地区还是北美地区少有的有熊活动足迹的重要区域，也是灰熊的重要栖息地。它们是黄石公园保护的对象，有关黄石公园的两部法案就有明确规定。1872 年的《黄石公园法》规定黄石公园的保护对象包括地貌景观和野生动植物，这也是美国创建黄石国家公园的重要原因。1916 年的《国家公园机构法》也明确，创建国家公园的目的是"保护公园中的自然环境、景观、历史遗迹和野生动植物，为游客提供游憩娱乐，并将这些遗产原封不动地留给下一代"②。

然而，令人感叹的是，人类历史上第一个国家公园——黄石国家公园——本应是野生动物庇护所，却摆脱不了成为一座"人类短视的纪念碑"的命运。"人类的短视"在黄石公园中的表现是，在19 世纪的大部分时间里，人类无视野生动物对于人类生存的重要意义，对野生动物进行了疯狂的屠杀。1901 年，被誉为"国家公园之父"的约翰·缪尔在《我们的国家公园》一书中写道："公园中还有几群美洲水牛，然而以这种旅游的方式（指火车行至北部边界的辛那巴尔，然后坐马车游览公园。本文作者注），你不会轻易见到它们，也不会轻易见到隐藏在大自然中的其他大型动物。……偶尔可以见到一只鹿或者一头熊横穿道路。然而，你最有可能见到的是那些半驯化了的熊，它们每天夜里到旅馆去寻找晚餐的剩饭——发面粉饼干、芝加哥罐头食品、什锦酱菜以及游客觉得太硬的牛排。"③ 从缪尔的行文中可知：从1872 年黄石公园创建到1901年还不到30 年，人类的活动已经深刻地影响了黄石公园中的野生动物。一方面，黄石公园难以见到大型动物了；另一方面，熊已经

---

① Justin Farrell, *The Battle for Yellowstone*: *Morality and the Sacred Roots of Environmental Conflict*, Princeton and Oxford: Princeton University Press, 2015, p. 120.

② U. S. National Park Service Act, 1916, https://www.nps.gov/yell/learn/management/national-park-service-organic-act-1916. htm. 2016/4/12.

③ ［美］约翰·缪尔:《我们的国家公园》，郭名倞译，吉林人民出版社1999 年版，第37 页。

深受人类影响，"半驯化""温顺"了。事实上，此时黄石公园里人与野生动物的关系呈现出复杂的态势：一方面，屠杀野生动物的悲剧已经在黄石公园上演，几乎成为整个社会的疯狂行为，以至于到 20 世纪 20 年代，狼在黄石公园绝迹了，野牛也由几万头下降到几百头；另一方面，一部分先知先觉分子开始对环境变化作出能动性反应，他们通过各种途径保护野生动物，但此时他们的力量尚显微弱。经过几十年的斗争，到了 20 世纪中后期，保护黄石公园里的野生动物成为社会共识，保护理念也发生了重大变化，这可从 1975 年灰熊被列为濒危动物、1995 年狼重新引入黄石公园窥见一斑。而 1995 年狼重返黄石公园被普遍认为是黄石公园野生动物保护史上的标志性事件。故而，笔者把这一时间点确定为本课题考察的时间下限，考察的时间上限是 1872 年，这一年美国国会通过了《黄石公园法》，创建了黄石国家公园。

　　黄石公园中的野生动物的命运变化促使我们思考：在黄石公园，人类为什么会屠杀野生动物？这造成了公园生态什么样的变化？面对这种变化，人类是怎么开始反思自身行为的？公园的生态管理何时发生了重大转变？发生重要转变的原因又是什么？野生动物管理在公园的生态管理中处于什么样的地位？本研究从公园的生态保护视角出发，聚焦野生动物保护，全面梳理黄石公园生态管理的历史进程，并通过回答上述问题，深刻揭示生态思想的演进，以及人与野生动物关系的变化。在此基础上，进一步认识人类在自然界中自身行为的结果和影响。这将丰富环境思想史的内容，也是本研究的重要学术价值。

　　本研究还具有重要现实意义。"国家公园"是美国"有史以来最佳的创意"，成为美国人对世界文化的主要贡献之一。① 今天的黄

---

① Wallace Stegner, *Conversations with Wallace Stegner on Western History and Literature*, Salt Lake City: University of Utah Press, 1983.

石公园被认为是国际上生物多样性重要的保存地，已经成为世界各地保护自然资源的典范，受到国际社会的普遍重视①。当前，我国把生态文明建设提升到国家战略层面，而建设国家公园以保存典型的生态系统也是当前我国进行生态文明建设的一项具体工作。从人与自然关系的视角来研究世界上第一个国家公园的野生动物保护史和生态保护历程，不仅可以正确评价科学家和管理者在生态保护中的作用，而且可以为我国当下建设国家公园提供经验教训。从微观来讲，今天的中国，人与自然往往呈现出紧张的关系，研究黄石公园的生态保护对于我们正确处理人与自然的关系，尤其是人与野生动物的关系具有重要借鉴意义。

二　相关概念

1. 国家公园

1872 年黄石国家公园的创建，被公认为是世界上第一个国家公园。按照 1872 年《黄石公园法》，国家公园是冠以"国家"（National）的保护区。从创建来看，它与国家认同、民族自豪感相联系。此后，美国掀起了几波国家公园运动，一批以国家公园命名的保护区纷纷建立。进入 20 世纪，国家公园概念在世界范围内广泛传播，各国也效仿美国建立国家公园。同时，单一的国家公园概念衍生出"国家公园与保护区体系""世界遗产""生物圈保护区"等相关概念。概念的混乱不利于世界国家公园运动的健康持续发展。鉴于此，联合国教科文组织（UNISCO）和国际自然保护联盟（IUCN）经过努力形成了由国际自然保护联盟 1994 年界定的定义。这个定义得到了世界上 100 多个国家和地区的广泛认可。国际自然保护联盟基于管理目标的不同划定了保护区的不同类别，共有六

---

① Dan E. Huff and John D. Varley, "Natural Regulation in Yellowstone National Park's Northern Rang", *Ecological Applications*, Vol. 9, No. 1, Feb. 1999, pp. 17 – 29.

类，其中国家公园（National Park）是第Ⅱ类，其主要管理目标是保护生态系统和提供游憩机会。具体定义是：国家公园指那些陆地和（或）海洋地区，它们被指定用来（1）为当代或子孙后代保护一个或多个生态系统的生态完整性；（2）排除与保护目标相抵触的开采或占有行为；（3）提供在环境上和文化上相容的精神的、科学的、教育的、娱乐的和游览的机会。①

2. 野生动物

中科院动物研究所研究员蒋志刚认为，野生动物是一个与家养动物相对的概念，它与家养动物的根本区别在于其生存环境。从这个视角来下定义，野生动物就是生活在野外的非家养动物。为了进一步区别，我们还应该知道动物有三大类：（1）家畜家禽；（2）人工养殖的野生动物；（3）野生动物。据此，野生动物包括人工养殖的野生动物和生活在野外的非家养动物。② 本书不涉及人工养殖的野生动物。

早期黄石地区有着丰富的野生动物，不仅鸟类丰富，而且大型野生动物既丰富也分布广泛。其中，狼、野牛、灰熊、麋鹿等大型野生动物是黄石生态系统中最活跃、最引人注目的组成部分，也是长期以来社会的关注点和管理政策的焦点。因此本研究所提及的"野生动物"即本研究的重点研究对象，主要指上述四种野生动物。

3. 科学家

"科学家"（scientist）一词由英国哲学家威廉·惠威尔（William Whewell）在 1833 年首次提出，因为当时人们"将科学家与为知识而赚钱的态度、与眼光狭隘的专门家联系起来"，所以一时并

① 参阅杨锐《土地资源保护：国家公园运动的缘起与发展》，《水土保持研究》2003 年第 3 期，第 145—147、153 页。还可参阅［澳］沃里克·弗罗斯特、［新西兰］C. 迈克尔·霍尔编《旅游与国家公园：发展、历史与演进的国际视野》，王连勇译，商务印书馆 2014 年版，第 10—11 页。

② 蒋志刚：《"野生动物"概念刍议》，《野生动物》2003 年第 4 期。

不被当时公认的学者所认可，甚至在那些出身高贵的英国博学者看来，"这是对科学的思想和社会价值的背叛"。进入 20 世纪，"科学家"才开始在现在的意义上流传开来，并逐渐深入人心。关于科学家的定义，是随科学的定义、时代的变迁、时间的推移、理解的视角等不同而变化的，它并没有一个确切的、公认的定义。本文根据研究需要，采用中国科学院研究生院教授李醒民下的定义："科学家是从事科学研究的人，或者是科学知识的培育者、耕耘者、发明者或发现者。"[①] 本书的科学家主要指生物学家，又因为生物学家按照生物学科的分类有所细化，故本书涉及的生物学家主要指动物学家、生态学家和草原科学家等。

三　学术史回顾

（一）国外相关研究

本书的研究对象是黄石国家公园中的生态环境问题，以及为保护公园的生态而作出努力的人群。针对这一研究重点，学术史的梳理就以黄石国家公园的相关研究为中心。美国国家公园的管理机构也直接管辖黄石公园事务，而黄石公园的管理在美国国家公园的管理中又具有典型性，因此，学术史梳理将美国国家公园、黄石公园的相关研究整合在一起，以研究视角作为专题，分列综述。考虑到野生动物和科学家是本课题的重要研究对象，也分别列为其中的专题。

1. 从文化史视角进行的研究

黄石国家公园的创建与当时美国构建象征性民族景观、宣扬本民族的独特性密切相关，因此从文化史的视角来探讨国家公园是国家公园研究的重要方法之一。20 世纪 70 年代国家公园的研究开始

---

① 李醒民：《科学家及其角色特点》，《山东科技大学学报》（社会科学版）2009 年第 3 期。

兴起，这一时期最著名的两位学者是罗德里克·纳什（Roderick
Nash）和阿尔弗雷德·伦特（Alfred Runte）。纳什在这方面作了较
早的探讨，他的名著《荒野与美国精神》（*Wilderness and the Ameri-
can Mind*）是"第一部从思想史的角度全面系统论述荒野的著作"，
其中有篇章阐释了国家公园创建的思想意义。1970 年他发表论文
《国家公园：美国人的发明》，该文专门讨论了美国国家公园系统形
成的四个因素，即本民族独特的荒野经历、民主的意识形态、大量
未开发的原始土地、美国人对国家公园理念的传播[①]。在此基础上，
他认为国家公园理念是对世界文明的贡献。纳什的阐述对后来的国
家公园研究影响深远。

伦特师承纳什，与自己的老师相比，他的研究领域集中在美国
的国家公园。1979 年《国家公园：美国人的经历》一经问世即获
得了巨大反响，到 2010 年共发行四版[②]。该书由伦特的博士论文修
改而成，他遵循文化史研究路径，叙述了国家公园意义的历史，探
讨了国家公园理念的来源与发展，指出了国家公园发展中所展现的
国家公园理念的矛盾。在伦特看来，国家公园理念源自文化而非生
态，反映了当时整个民族对构建不逊于旧大陆的文化自豪感的渴
望。作者认为，国家公园的创建有两个标准：一个是国家公园的风
景必须宏伟、壮观，能表达民族主义观念；另一个是土地必须没有
经济价值。伦特的著作进一步深化了国家公园创建的文化含义，将
之与民族主义、土地观念联系起来，拓展了国家公园的研究视野，
成为国家公园研究的经典之作。著名环境史学者派因（Stephen
J. Pyne）高度评价该书，"关于国家公园和国家公园局的基础性的
书籍不过就半打，该书必须列入其中；并且理所当然地，它将获得

---

① Roderick Nash, "The American Invention of National Parks", *American Quarterly*, Vol. 22,
No. 3, Autumn 1970, pp. 726 - 735.

② Alfred Runte, *National Parks：The American Experience*, Lincoln：University of Nebraska
Press, 1979.

最广泛的传播"①。此后，伦特又推出几本著作，《铁路的发现：西部铁路与国家公园》追溯了国家公园与铁路公司结成"务实的联盟"，并共同向美国人推销西部壮丽景观的历史。② 该书是一本通俗读物，但有着学术著作的严谨。《约塞美蒂：窘迫的荒野》以约塞美蒂公园为具体研究对象，展现了国家公园管理中存在的观念冲突。③

1980 年，约瑟夫·萨克斯（Joseph L. Sax）在《无路之山：对国家公园的反思》一书中对长达一个世纪之久的国家公园运动进行了反思。④ 作者通过描述自己游历三个国家公园的体验，表达了对国家公园发展的反思：国家公园应该提供一种适合沉思又伴随着孤寂，却令人振奋的体验，而非变为肤浅的娱乐场所。为此，他专门考察了早期荒野支持者和当代社会学家、心理学家对娱乐的思考。

20 世纪 90 年代中期以来，环境史开始的"文化转向"使得相当一部分环境史家重视对不同社会集团的研究。克里斯·麦格（Chris J. Magoc）在这方面进行了探索，他的《黄石：一个美国景观的创建与兜售，1870—1903》一书从早期铁路公司、特许权经营者等角度来探讨黄石地区早期景观的建构。作者在分析荒野保存与游客消费矛盾的基础上指出，黄石公园是被驯化了的荒野，"融合了浪漫主义、科学精神和资本主义文化"⑤。

---

① Stephen J. Pyne, "Review on National Parks: The American Experience", *The Pacific Northwest Quarterly*, Vol. 79, No. 1, Jan 1988, p. 42.

② Alfred Runte, *Trains of Discovery: Western Railroads and the National Parks*, Flagstaff, Arizona: Northland Press, 1984.

③ Alfred Runte, *Yosemite: The Embattled Wilderness*, Lincoln: University of Nebraska Press, 1990.

④ Joseph Sax, *Mountains without Handrails: Reflects on the National Parks*, Mich.: The University of Michigan Press, 1980.

⑤ Chris J. Magoc, *Yellowstone: The Creation and Selling of an American Landscape*, 1870—1903, AlbuquierquLe: University of New Mexico Press; Helena: Montana Historical Society Press, 1999, p. 167.

在这一文化转向中，过去不曾受到关注的文本、故事、叙事进入到了环境史家的视野。地理学家朱迪斯·L. 梅耶（Judith L. Meyer）是较早分析黄石地区早期书写的学者。[1] 他在《黄石精神：一个国家公园的文化演变》一书中以早期的公园描述为基础，运用内容分析法，指出早期的描述建构了黄石公园的"永恒精神"。作者大胆运用间断均衡（punctuated equilibrium）的演化模型对公园发展进行了分析，由此指出，大多数黄石公园历史学家强调了公园发展的变化却忽略了连续性；重视政策变化与环境冲突，忽略了公园作为文化景观与美国历史和国家认同交织在一起渐进发展的历史。这一分析框架有助于我们理解黄石公园的文化含义的建构。

林恩·罗斯-布莱恩特（Lynn Ross-Bryant）尝试运用新的分析框架来解释有关国家公园的文本、故事和叙事。他在《朝圣国家公园：美国的宗教与自然》一书中通过对大量的有关国家公园的叙述文本的分析，探讨了公园游客体验公园意义的方式，阐释了国家公园的复杂意义。[2] 布莱恩特用"朝圣地"一词来表达国家公园的价值及其变化，提供了一种理解人与自然关系的新维度，拓宽了读者对国家公园在美国文化中的角色的理解。

对国家公园产生的文化根源，以及将国家公园的国家认同内涵进行深入研究是国家公园学术研究的必然趋势。前者的代表作是吉姆·赫克斯（Kim Heacox）的《美国人的理念：国家公园的形成》，该书探讨的是国家公园系统形成和扩展的思想渊源。[3] 赫克斯认为，早期英格兰国王保存土地的做法、美国超验主义思想、早期的西部

---

① Judith L. Meyer, *The Spirit of Yellowstone：The Cultural Evolution of a National Park*. Lanham, Md.：Rowman and Littlefield, 1996.

② Lynn Ross-Bryant, *Pilgrimage to the National Parks：Religion and Nature in the United States*, New York：Routledge, 2013.

③ Kim Heacox, *An American Idea：The Making of the National Parks*, Washington D. C.：National Geographic, 2001.

探险、泰迪·罗斯福对公共土地保留等都为国家公园的形成提供了思想资源。后者的代表作是玛格丽特·谢弗（Marguerite Shaffer）的《先睹美国：旅游业与国家公园认同》。谢弗把国家公园的旅游发展与民族认同联系起来，赋予了旅游业以国家认同功能，进一步拓宽了国家公园的文化内涵。作者指出，旅游业定义了"有机的民族主义，而民族主义把国家认同与共同的领土和历史联结起来了"[①]。

面对学术界过度强调 19 世纪自然保存的文化价值，2004 年理查德·格鲁辛（Richard Grusin）在《文化、技术和美国国家公园的创建》对这一现象进行了批评。[②] 他认为，在日益增长的消费文化背景下，国家公园的创立"蕴涵着一个美国景观的再生"。他警告，"把自然完全转化为文化"的做法将矮化国家公园，使得国家公园的保存与其他景观别无二致。为此，作者探究了科学、技术和文化"散乱无章的形式"之间的联系，阐释了国家公园是不同于其他文化建构的实体。

另外，罗伯特·B. 基特尔在《完整地保存：国家公园理念的演变》一书中着力考察了国家公园所蕴涵的多种理念。[③]

2. 从管理史或管理政策角度进行的研究

国家公园的重要功能是保护国家公园中的自然环境，由于国家公园自身的特点以及涉及不同群体利益，所以国家公园的管理呈现出独特性和复杂性。

堪萨斯大学教授约翰·伊赛（John Ise）以研究联邦政策见长，

---

① Marguerite Shaffer, *See American First*: *Tourism and National Park Identity*, 1880—1940, Washington D. C. : Smithsonian Institution Press, 2001, p. 4.

② Richard Grusin, *Culture*, *Technology*, *and the Creation of America's National Parks*, New York: Cambridge University Press, 2004.

③ Robert B. Keiter, *To Conserve Unimpaired*: *The Evolution of the National Park Idea*, Washington D. C. : Island Press, 2013.

1961 年他撰写了《我们的国家公园政策：一部重要的历史》，该书分三个部分阐述了国家公园的管理：1872—1916 年是国家公园的早期；1916—1959 年是国家公园管理局管理时期；国家公园的特别问题，如野生动物的管理、特许经营的管理等。① 他把管理问题的本质视为两方力量的斗争：一方是国家公园的热爱者；另一方是伐木商、矿场主、牧场利益者、土地开发者、偷猎者、粗鲁的看客、不诚实的政客、把任何自然地区的开发都视为"坏的"所谓"纯的"保护主义者等破坏分子。他明确指出，公园热爱者是公共利益维护者，而将批评的矛头指向那些破坏公园的利益相关者。资料翔实是该书的一大特色。

理查德·韦斯特·塞拉斯（Richard West Sellars）的《国家公园自然保护史》是一部论述国家公园管理史的重要著作。② 该书把国家公园管理局的管理历史分为四个时期：1929—1940 年、1940—1963 年、1963—1981 年、1980 年之后。该书把国家公园 125 年的历史与对国家公园管理的深入分析巧妙地结合起来，作者认为，国家公园管理局有两种管理理念：注重风景的外貌管理和注重生态的科学管理。这种公园管理理念上的分歧反映了美国国家公园始终面临的一个根本矛盾，即应该为子孙后代保留的遗产是风景本身，还是国家公园的整个生态系统？作者还在第六章专门探讨了科学家们和管理者就如何管理国家公园进行的斗争，肯定以利奥波德为代表的一批科学家的贡献，同时他还批评了国家公园管理局"旅游导向"的管理理念，这种理念几乎将科学排斥在国家公园管理之外。

威廉·劳利（William R. Lowry）早在 1994 年就著书来探讨国

---

① John Ise, *Our National Park Policy：A Critical History*, Baltimore：The Johns Hopkins Press, 1961.

② Richard West Sellars, *Preserving Nature in the National Parks：A History*, New Haven：Yale University Press, 1997.

家公园的管理。① 2009 年他撰写《修复天堂：美国国家公园的自然
恢复》一书，该书是一部运用公共政策议程的案例研究法来考察国
家公园管理的新作。② 劳里选取四个公园中的各一项恢复工程进行
考察，他并没有聚焦管理部门，而是从议题的设定、经济的考量、
科学的角色、决策的权威等方面考察公共政策的变化。四个案例分
析各有侧重，比如"大沼泽地国家公园水恢复工程"，重点考察多
机构的冲突；而"大峡谷国家公园引水工程"则讨论了美国西南部
水资源的稀缺问题。作者的分析有助于从更大的视野来理解美国的
公共政策、资源观念和土地经济。同年，约翰·C. 迈尔斯（John
C. Miles）的《国家公园中的荒野：游乐场还是保护区》考察了国
家公园中荒野的保存与管理。③ 迈尔斯梳理了作为观念与土地利用
方式的荒野如何从约塞美蒂、黄石国家公园保存和管理的议题进入
到阿拉斯加保存和管理议题的历史过程，突出了围绕荒野保存与管
理而呈现的矛盾及复杂斗争。与其他著作不同之处在于，迈尔斯重
视林业局和国家公园管理局对荒野的不同观念的考察。尽管在研究
方法上有所创新，但其主要资料来源是二手资料，成为该书的不足
之处。

　　国家公园管理局作为国家公园最重要的管理机构是学者们重点
研究对象之一。《国家公园管理局创建前后：1913—1933 年》由贺
拉斯·奥尔布赖特（Horace M. Albright）讲述，科恩记录。④ 该书
讲述了国家公园管理局创建的故事以及国家公园管理局早期的历

---

① William R. Lowry, *The Capacity for Wonder*：*Preserving National Parks*, Washington, D. C. ：
The Brookings Institution, 1994.

② William R. Lowry, *Repairing Paradise*：*The Restoration of Nature in America's National Parks*,
Washington, D. C：BrookingsInstitution Press, 2009.

③ John C. Miles, *Wilderness in National Parks*：*Playground or Preserve*, Seattle：University of
Washington Press, 2009.

④ The Birth of the National Park Service：The Founding Years, 1913—33. by Horace M. Albright
as told to Robert Cahn. Salt Lake City and Chicago：Howe Brothers, 1985.

史。奥尔布赖特既参与了国家公园管理局的创建，也担任了该部门第二任局长，他以亲历者的身份讲述这段历史，能让读者更真切地领悟当时的历史真实。奥尔布赖特去世后，他的女儿整理了他的通信和手稿，编辑成《创建国家公园管理局：值得怀念的年份》一书。①

罗纳德·A. 弗雷斯塔（Ronald A. Foresta）的《国家公园与它们的看守人》一书运用公共管理学的理论分析了国家公园管理局存在的制度困境，指出作为联邦机构的国家公园管理局为了生存不得不争取大众支持，从而改变管理理念以符合流行的政治趋势。② 为深入理解国家公园管理局的管理，他把国家公园管理局与林业局、土地管理局等部分联邦管理机构进行比较分析。他在该书中表达了对未来国家公园的担忧："国家公园管理局在可预见的将来不可能有一个统一的愿景；它的责任繁杂而相互冲突，它的政策充斥着矛盾与争议。"③

另有一些档案资料。例如，拉里·M. 迪尔萨维尔（Lary M. Dilsaver）主编的《美国国家公园体系的重要档案》是研究国家公园管理局的必备书。④ 护林员莱缪尔·加里森（Lemuel A. Garrison）出版了他的自传《一个护林员的成长：与国家公园在一起的四十年》。⑤ 该书对于理解国家公园管理局的管理也颇有价值。

① Horace M. Albright and Marian Albright, *Creating the National Park Service: the missing years*, Norman: University of Oklahoma Press, 1999.

② Ronald A. Foresta, *America's National Parks and Their Keepers*, Washington, D. C.: Resources for the Future, 1984.

③ Ronald A. Foresta, *America's National Parks and Their Keepers*, Washington, D. C.: Resources for the Future, 1984, p. 164.

④ Lary M. Dilsaver, ed, *America's National Park System: The Critical Documents*, Lanham: Rowman & Littlefield Publishers, Inc., 1994.

⑤ Lemuel A. Garrison, *The Makingofa Ranger: Forty Years with the National Parks*, Salt Lake City: Howe Brothers, 1984.

　　黄石公园作为第一个国家公园，其管理具有典型性，也是学者们研究比较多的国家公园之一。早在 1932 年，路易斯·C. 克雷姆顿（Louis C. Cramton）就考察了黄石公园与国家公园政策的关系。①1985 年，理查德·A. 巴特利特（Richard A. Bartlett）出版了《黄石：遭遇困扰的荒野》。②当时，几乎没有历史学家和官方机构充分认识特许权经营者的力量和影响，而作者专门讨论了特许权经营者在黄石公园发展中所扮演的角色，这也是该书对环境史的主要贡献。巴特利特对国家公园管理局的管理工作表示赞赏，但对特许权经营导致的公园商业化倾向表达了不满。2002 年，马克·丹尼尔·巴林杰（Mark Daniel Barringer）对特许权经营进行了全面而详尽的研究。③作者从特许权经营入手，描述了黄石公园私营企业发展历程，全面详尽地考察了柴尔德（Child）家族在黄石特许权经营中的角色以及它对黄石公园景观的影响，为环境史增加了荒野的社会与文化建构。

　　保罗·舒勒里（Paul Schullery）从 20 世纪 70 年代开始对黄石公园开展了长达几十年的研究。舒勒里从讲述黄石地区 1915 年前的人类故事开始了他的研究之旅。④舒勒里的《黄石的滑雪先锋：冬天小径上的危险与英雄主义》一书虽然探究的是 1870—1910 年冬天里黄石地区滑雪人的历史，但作者关心的仍是黄石公园的生态保护问题。⑤迈克尔·约齐姆（Michael Yochim）的《黄石与雪上

---

① Louis C. Cramton, *Early History of Yellowstone National Park and Its Relation to National Park Policies*, Washington D. C.: United States Government Printing Office, 1932.

② Richard A. Bartlett, *Yellowstone: A Wilderness Besieged*, Tucson: University of Arizona Press, 1985.

③ Mark Daniel Barringer, *Selling Yellowstone: Capitalism and the Construction of Nature*, Lawrence: University Press of Kansas, 2002.

④ Paul Schullery, *Old Yellowstone Days*, Boulder: Colorado Associated University Press, 1979.

⑤ Paul Schullery, *Yellowstone's Ski Pioneers: Peril and Heroism on the Winter Trail*, Worland: High Plains Publishing Company, 1995.

汽车：控制国家公园的利用》考察了雪上汽车对黄石公园生态的不良影响。①

1988 年黄石公园的大火吸引了世人的关注，火的管理一时成为学者们研究的重点。代表作有琳达·华莱士（Linda L. Wallace）编著的《大火之后：黄石国家公园变化的生态》②。

3. 从国家公园体系发展视角进行的研究

黄石公园早期探险与创建是国家公园体系的开端，对它的研究有助于我们理解国家公园体系未来发展的趋势。1874 年有两本著作涉及公园早期历史。第一本是奥布里·海恩斯（Aubrey L. Haines）的《黄石国家公园：探险与建立》，侧重人文分析与解释。③ 作者分析了美国人对公园意义的理解，显示出作者对西方文明和美国文明重要观念的准确把握。该书取材丰富，可以作为黄石公园早期史的研究资料。随后，海恩斯又撰写了他的两卷本《黄石的故事》。④该书是研究黄石公园早期历史必备书。伦特认为国家公园理念源于艺术家乔治·卡特琳，海恩斯却认为国家公园理念源于 1864 年建立的约塞米蒂公园，尽管当时该公园只是州立，但是在保护荒野的实践中孕育了国家公园理念。作者还特别探讨了野生动物管理的失败。他认为，公园从来就没有被视为野生动物的庇护所，只有当如麋鹿、狼等哺乳动物出现大幅下降后，公园管理者才意识到生态的脆弱。理查德·A. 巴特利特的《自然的黄石》一书着重地理学与

① Michael Yochim, *Yellowstone and the Snowmobile*: *Locking Horns over National Park Use*, Kans: Lawrence, 2009.

② Linda L. Wallace, ed., *After the Fires*: *The Ecology of Change in Yellowstone National Park*, New Haven, CT: Yale University Press, 2004.

③ Aubrey L. Haines. *Yellowstone National Park*: *Its Exploration and Establishment*, Washington D. C.: GPO and National Park Service, 1974.

④ Aubrey L. Haines, *The Yellowstone Story*: *A History of Our First National Park*, Boulder: Yellowstone Library andMuseum Association in cooperation with Colorado Associated University Press, 1977.

人类学分析。① 尽管巴特利特是科学家，但文笔细腻。

2003 年保罗·舒勒里与李·维特尔西（Lee Whittlesey）合著《黄石国家公园创建中的神话与历史》。② 作者探究了黄石公园的创建中的"篝火神话"。他认为，有着利他主义神圣色彩的"篝火神话"并没有反映历史事实。但他们仍认为，这个神话还将继续为美国人所讲述，因为它代表了一种理想主义精神。

1916 年国家公园管理局成立，当时管辖 35 个国家公园和纪念区。之后，国家公园体系不断扩展，到 2000 年前后，国家公园管理局管辖包括 50 多个国家公园在内的 375 个保护区，土地面积超过 33.5 万平方公里。代表作有《我们的国家公园体系：看护美国最大的自然和历史珍宝》③，作者德怀特·F. 雷迪（Dwight F. Reittie）阐述了公园体系的组织、运行，包括公园体系内各单元层次架构、公资金预算等，并分析了国家公园长期存在的问题：管理原则的缺失；政策设计的模棱两可、缺乏时效性，甚至格调低下。雷迪进一步指出，出现这些问题的原因是，国家公园缺乏具有时代感的概念，丧失了创建新公园的原则和标准。他建议国会应该采取切实行动来阐明国家公园创建的目的，确定国家公园管理局的角色定位。该书的突出优点是，取材丰富多样，涵盖了他在公园管理局供职时获取的材料，和多个联邦机构的材料。

在这个体系中，如何处理与原住民的关系影响着未来国家公园的发展。代表作有马克·戴维·斯彭斯（Mark David Spence）的《抢占荒野：印第安人的清除与国家公园的形成》。斯彭斯认为，

---

① Richard A. Bartlett, *Nature's Yellowstone*, Albuquerque: University of New Mexico Press, 1974.

② Paul Schullery and Lee Whittlesey, *Myth and History in the Creation of Yellowstone National Park*, Lincoln: University of Nebraska Press, 2003.

③ Dwight F. Reittie, *Our National Park System: Caring for America's Greatest Natural and Historic Treasures*, Champaign, Ill.: University of Illinois Press, 1995.

“美国人的荒野理念经过了上帝原创作品的神圣遗迹、国家象征、风景旅游胜地”的演变过程，在这一过程中印第安人被驱赶出国家公园。他还指出，在国家公园早期，白人驱赶印第安人的思想基础是人们认为印第安人将耗尽大型猎物，将损毁“自然的表面景观，公众娱乐的原始基础”①。他毫不客气地指出这种思想是那个时代的种族主义。珍妮·埃德尔（Jeanne Marie Oynwin Ede）的《对黄石国家公园中的印第安人管理条约的历史考察》一书在考察1851—1925年间印第安人在黄石地区的曲折命运的基础上，分析了这期间白人与印第安人签订的一系列条约，特别是1824年《印第安人公民权法》（The Indian Citizenship Act）签署的历史背景，对白人对印第安人根深蒂固的偏见进行了批评。②

4. 从野生动物管理（或保护）视角进行的研究

第一，野生动物管理（或保护）的综合研究。

威廉·C. 艾芙哈特（William C. Everhart）在他的《国家公园管理局》一书中较早地分析了影响野生动物管理的两个因素：一是，把野生动物区分为“好的”或“坏的”公众观念；二是，西部国家公园正好位于牧区附近。③ 前者在1920年前屠杀狼的行为中表现最为突出，后者反映的则是利益集团对野生动物管理形成的压力。

保罗·舒勒里的《探寻黄石：最后荒野里的生态与奇景》一书以较长时段视角考察了黄石公园里的生态与景观变化。题目“探寻”表达了黄石公园深刻的文化意义：每一个游客都希望并且能在这个巨大的生态系统中发现他们自己理解的“新事物”。作者认为：

①　Mark David Spence, *Dispossessing the Wilderness*: *Indian Removal and the Making of the National Parks*, New York: Oxford University Press, 1999, p. 119.

②　Jeanne Marie Oynwin Eder, "An Adminstrative Treaty History of Indian of Yellowstone National Park, 1851—1925", Ph. D. , Washington State University, 2000.

③　William C. Everhart, *The National Park Service*, New York: Praeger Publishers, 1972.

"要理解黄石公园的特别之处，不仅要从生态角度来考察，而且还要从文化视角来分析。"① 这意味着，这个美国的伊甸园是人类深入规划的产品，体现了人类的价值观念。因此，作者从文化的视角来叙述黄石公园早期屠杀野生动物和灰熊保护的历史。该书还呈现了生态思想在黄石公园的发展：20 世纪 30 年代至 50 年代生态学家关注自然平衡（natural balances）；到了 70 年代，生态学家抛弃了自然平衡观念，接受动力生态系统的新模型（基本含义是生态系统自身能保持稳定的运转）。

科学家 R. 杰拉德·怀特的《野生动物研究和国家公园的管理》考察了国家公园资源管理政策的演化、动物控制、有蹄动物管理、外来动物管理、熊管理以及狼的重新引进等有关公园野生动物管理问题。② 尽管怀特是一名科学家，但他能将公园里的野生动物置于历史背景下进行考察。对于科学在管理中的作用，作者一方面批评国家公园忽略科学的作用；另一方面对科学能在公园管理中发挥多大作用又有一丝狐疑。虽然该书并不以黄石公园为特定的考察对象，但是灰熊管理、狼的恢复等野生动物管理在黄石公园最为典型，因此，灰熊、狼的管理研究主要以黄石公园为研究对象。作者善于抓住每一个管理问题的重要事件进行评述，体现了作者长期跟踪研究野生动物问题的扎实学术功底。

关于野生动物管理和科学的关系有两本代表作。1999 年，詹姆斯·普理查德（James A. Pritchard）的《保存黄石的自然条件：科学与自然观》聚焦黄石公园的自然条件，重点讨论了"干预管理"和"自然规制"两种管理理念长期争论的历史，肯定了科学对公园

---

① Paul Schullery, *Searching For Yellowstone: The Ecology and Wonder in the Last Wilderness*, New York: Houghton Mifflin Company, 1997, p. vii.

② R. Gerald Wright, *Wildlife Research and Management in the National Parks*, Urbana: University of Illinois Press, 1992.

管理的重要贡献。^①作者以丰富的史料叙述了科学家为保存公园的自然条件而作出的努力，包括他们的科学研究，以及为此展开的各种斗争。在全面考察各个时代的重要科学家的环境保护理念的基础上，作者认为各个时代的科学家的环境保护思想是一脉相承的。作者还认为，麋鹿、野牛、郊狼、狼的生存状态是观察人类不断变化的自然资源观念的一面镜子，是衡量国家公园管理局守护这块土地成功与否的标尺。

迈克尔·约齐姆在《保护黄石：影响国家公园管理的科学与政治》一书中对科学与政治的关系进行了较为充分的探讨。^②作者选取包括狼、野牛、灰熊等野生动物在内的六个方面的管理，探讨科学、管理者、利益相关方如何共同影响公园的管理政策，指出管理政策存在矛盾的原因。作者认为，"黄石公园最近三十年历程显示，最终出台的政策常常反映的是政治议题，尤其是当科学数据不足或者科学不能充分与管理部门结合的时候"^③。但是，作者考察的时间重心主要在20世纪80年代以来，并没有过多地从历史的流变中展开讨论。

近年来，"新文化史"也影响到黄石公园的研究学者，其特点是放弃了对事件和叙述的强调，而侧重文化分析和文化因素的转向。在这方面了有两位学者进行了积极探索。一位是伊莱恩·C.普兰格·特尼（Elaine C. Prange Turney），他的博士论文《从变革到渐进性改革：范式对黄石国家公园野生动物政策的影响》认为"自然平衡"观念植根于欧洲历史，这种观念对野生动物政策有着

---

① James A. Pritchard, *Preserving Yellowstone's Natural Conditions: Science and the Perception of Nature*, Lincoln: University of Nebraska Press, 1999.

② Michael Yochim, *Protecting Yellowstone: Science and the Politics of National Park Management*, Albuquerque: University of New Mexico Press, 2013.

③ Ibid., pp. 175 – 176.

深刻的影响。^① 另一位是贾斯汀·法雷尔（Justin Farrell），他的《黄石公园的斗争：道德与环境冲突的神圣根源》阐释了野生动物管理的文化意义。^② 作者运用文化社会学和道德理论，探究了不同群体围绕着大黄石生态系统所产生的争论，并分析了争论背后所隐藏的精神、道德、文化等方面的含义。作者阐明了诸如天定命运、个人主义、人类支配主义、旧西部遗产、美式帝国主义、环境主义等叙述元素的历史发展及其影响。

随着大黄石生态系统理念的提出，学者们开始探讨这一新思想。保罗·舒勒里与李·维特尔西合著论文《大黄石区域的食肉动物观念变迁史》，叙述了黄石公园食肉动物管理政策的变化，探讨了科学家在食肉动物方面的科学研究对黄石公园野生动物管理产生的作用。作者认为，科学家与历史学家一样，依据史前历史作为基点来判断目前的生态条件。^③ 尽管科学研究在黄石公园的野生动物管理中发挥了较大作用，往往在面临公众和政治压力时显得力量微弱。该文体现了作者对野生动物管理的独到见解，获得了很高的引用率。

罗伯特·基特尔等人编写的《大黄石生态系统：重新界定美国荒野遗产》从五个方面探讨了大黄石生态系统的资源管理政策。^④ 全书分为五个部分：其一，从法律、生态、经济、社会等方面探讨大黄石生态系统面临的管理问题；其二，1988 年大火的生态影响，

①　Elaine C. Prange Turney, From Reformations to Progressive Reforms: Paradigmatic Influences on Wildlife Policy in Yellowstone National Park, PHD, Texas Christian University, 2007.

②　Justin Farrell, *The Battle for Yellowstone: Morality and the Sacred Roots of Environmental Conflict*, Princeton: Princeton University Press, 2015.

③　Paul Schullery and Lee Whittlesey, Greater Yellowstone Carnivores: A History of Changing Attitudes, in Tim Clark and others, eds, *Carnivores in Ecosystems: The Yellowstone Experience*, New Haven, CT: Yale University Press, 1999.

④　Robert B. Keiter and Mark S. Boyce, Eds, *The Greater Yellowstone Ecosystem: Redefining America's Wilderness Heritage*, New Haven, Connecticut: Yale University Press, 1994.

以及火的政策争议与调整；其三，依据保护生态学和野生生物生态学重新评估野生生物管理策略；其四，讨论狼重新引进的科学基础和公众对狼恢复计划的态度；其五，展望大黄石国家公园的未来。编者认为，理解该区域的生态系统要以科学为基础，政策须体现公众价值。苏珊·克拉克（Susan G. Clark）在《确保大黄石的未来：领导与公民的选择》一书中阐述了大黄石协调委员会（the Greater Yellowstone Coordinating Committee）在大黄石生态管理发挥的作用，探讨黄石地区生态管理所面临的挑战。①

有学者对黄石公园的管理提出了严厉批评，最具代表性的是阿尔斯通·蔡斯（Alston Chase）的《在黄石公园中戏耍上帝：美国第一个国家公园的破坏》②。蔡斯在书中表达了对黄石公园的野生动物管理的强烈不满。他认为黄石公园野生动物的持续减少是国家公园管理局的自然管理计划造成的，他斥责国家公园管理局的管理者思想狭隘、见识短浅，为此不惜引用一些不具名的资料。蔡斯的激烈言辞引发了很大争议，有反对者批评他的研究粗制滥造，结论错误，因而称他是"反环境主义者"。

第二，野生动物保护的专题研究。

关于野牛保护的专题研究。海伦·艾迪生·霍华德（Helen Addison Howard）的论文《拯救野牛的人们》和达恩·奥布莱恩（Dan O'Brien）的著作《绝望的生命：恢复野牛到黑山牧场》讲述了个人保护野牛的历史。③ 作者肯定个人保护野牛的积极作用，同时指出他们的保护目的是为了追求商业利润，并且批评由此带来的

---

① Susan G. Clark, *Ensuring Greater Yellowstone's Future：Choices for Leaders and Citizens.* New Haven：Yale University Press，2008.

② Alston Chase, *Playing God in Yellowstone：The Destruction of America's First National Park*, Boston/New York：The Atlantic Monthly Press，1986.

③ Helen Addison Howard, The Men Who Saved the Buffalo, *Journal of the West*, Vol. 14, No. 3，1973，pp. 122 – 129；Dan O'Brien, *Buffalo for the Broken Heart：Restoring Life to a Black Hills Ranch*, New York：Random House, Inc.，2002.

野牛被驯化的消极作用。两篇文献考察的地区不一样，但都涉及黄石公园。舒勒里在《"野牛"琼斯和黄石公园里的野牛群：另一个视角》对琼斯拯救野牛进行了质疑，认为琼斯对野牛的拯救并没有发挥真正作用。[①] 然而，理查德·A.巴特利特却在《黄石：遭受困扰的荒野》一书中肯定琼斯为拯救野牛付出的努力，并且把这作为黄石公园野生动物管理政策的开始。[②]

玛丽·安·弗兰克（Mary Ann Franke）的《拯救荒野牛：生活在黄石公园边缘的生命》是关于黄石公园野牛一本专著，弗兰克在书中探究了生活在黄石公园园内或附近的野牛品种，回顾了黄石公园野牛恢复计划的历史和布鲁氏病菌危机管理史。作者指出，政治因素主导了黄石公园野牛管理，而生态方法却居于次要地位。[③] 如果不改变这种情况，美国就不可能保护"名副其实"的野牛。

关于狼保护的专题研究。蒙大拿大学硕士研究生 D.麦克诺特（D. McNaught）的硕士论文是一份调查报告，调查内容是人们对狼恢复到黄石公园的态度。调查结果表明，大部分受访者（包括受影响的临近州的居民）认为，狼不会对人类安全造成威胁，反而会平衡公园的野生动物数量，因而他们都支持狼恢复计划。[④]

汉克·费舍尔（Hank Fisher）在《举世瞩目的狼战：狼返回黄石国家公园的故事》一书中从政治史视角回顾了狼在西部灭绝的过程，分析了导致狼恢复的社会和科学背景，特别阐述了国家公园管

---

① Paul Schullery, " 'Buffalo' Jones and the Bison Herd in Yellowstone: Another Look", *The Magazine of Western History*, Vol. 26, No. 3, Summer 1976, pp. 40–51.

② Richard A. Bartlett, *Yellowstone: A Wilderness Besieged*, Tucson: University of Arizona Press, 1985.

③ Mary Ann Franke, *To Save the Wild Bison: Life on the Edge in Yellowstone*, Norman: University of Oklahoma Press, 2005.

④ D. McNaught, Park Visitor Attitudes toward Wolf Recovery in Yellowstone National Park, Master's Thesis, University of Montana, 1985.

理局在 20 世纪 70 年代开展的关于狼的科学研究。① 作者认为，在经过 20 年的似乎无休止的争论之后，狼重新返回黄石公园和爱达荷州中部，这不仅仅是对一个物种的保护，而且意味着人类对动物看法的根本改变，野生动物保护迎来了真正的转机。托马斯·麦克纳米（Thomas McNamee）的《狼返回到黄石》一书侧重讨论围绕着狼恢复而展开的各种政治活动。②

道德拉斯·W. 史密斯（Douglas W. Smith）是黄石公园狼恢复的项目领导人，盖里·弗格森（Gary Ferguson）是著名的自然作家，他们两人在狼回归黄石公园十年后合著了《狼的十年：荒野返回黄石》。③ 该书描述了狼回归黄石公园后狼的生存状况，为学者进行环境史的研究提供了丰富资料。

关于麋鹿保护的专题研究。道格拉斯·B. 休斯顿（Douglas B. Houston）的研究较为突出，代表作是《北部黄石的麋鹿：生态与管理》。④ 黄石公园在 1968 年停止了麋鹿减少计划，随即休斯顿受邀对此进行了长达十年的观察，在此基础上他撰写了该书。休斯顿在书中使用了大量数据和图表，考察了黄石北部草场麋鹿生态系统的发展历史，并讨论了 1967 年实施的自然规制的管理。他认为，在保持北部区域草场生态平衡的情况下，麋鹿数量可以达到12000—15000 只；草场生态紊乱最大的源头不是食肉动物的减少，而是人类的干预。关于自然规制，弗雷德里克·H. 瓦格纳（Frederic H. Wagner）的《失去平衡的黄石公园生态系统：麋鹿、科学与

① Hank Fisher, *Wolf Wars*: *The Remarkable Inside Story of the Restoration of Wolves to Yellowstone*, Helena, Montana: Falcon Press Publishing Company, 1995.

② Thomas McNamee, *The Return of the Wolf to Yellowstone*, New York: Henry Holt and Co. 1997.

③ Douglas W. Smith and Gary Ferguson, *Decade of the Wolf*: *Returning the Wild to Yellowstone*, Guilford, CT: The Lyons Press, 2005.

④ Douglas B. Houston, *The Northern Yellowstone Elk*: *Ecology and Management*, New York: Macmillan, 1982.

政策冲突》^① 一书中表达了不同看法。瓦格纳认为，自 1967 年以来
自然管制的放任主义政策并没有真正起到恢复和维持北部草场的生
态的作用。其中最后一章专门探讨科学在麋鹿管理政策中的角色。
他进一步认为，自 20 世纪 70 年代以来，科学一直不能提供关于北部
草场生态状况准确客观地评估；科学研究分不清有价值的研究与无
用的、不被广泛支持的研究。作者还指出，不同的科学家们对同一
事物会有不同解释，这有利于推进对事物的理解。但对于管理而言，
则需要可靠的监督计划和清晰的标准，以便准确评估管理的效果。

　　关于熊保护的专题研究。保罗·舒勒里是这一领域的专家，他
的《黄石熊》一书是黄石公园熊研究的必备书。^② 作者总结了熊的
自然史，包括饮食习惯、冬眠、交配、生活方式、幼崽成长等各个
方面；叙述了熊的社会文化史，探讨了人熊冲突的缘起和发展，揭
示了熊在美国文化中复杂的形象及其变化。舒勒里力避大量科学术
语的运用，尽量使文字通俗易懂。这部关于人与动物的交互作用的
历史著作，促使我们思考，人如何与动物相处？在人与动物关系
中，到底哪一方受到更大的冲击？人类与动物、人类与生态系统之
间应该是一种什么样的关系？凯利·A. 冈特尔（Kerry A. Gunther）
在《黄石国家公园熊管理（1960—1993）》提供了回答这些问题的
思路。^③ 作者在叙述 1960—1993 年间黄石公园熊管理历史的基础上
提出，公园管理者在管理垃圾场和路边熊的时候，应该着眼于整个
黄石生态系统以及熊的持续生存。艾丽斯·翁德拉克·比尔（Alice
Wondrak Biel）的《喂养（或不喂养）熊：黄石国家公园中的野生

---

①　Frederic H. Wagner, *Yellowstone's Destablized Ecosystem: Elk Effects, Science, and Policy Conflict*, New York: Oxford University Press, 2006.

②　Paul Schullery, *The Bears of Yellowstone*, Worland, Wyoming: High Plains Publishing Company, 1992.

③　Kerry A. Gunther, "Bear Management in Yellowstone National Park, 1960—1993", Their Biology and Management, Vol. 9, *Part 1: A Selection of Papers from the Ninth International Conference on Bear Research and Management*, Missoula, Montana, February 23–28, 1992 (1994), pp. 549–560.

动物与人的不规则史》则用更为翔实的资料、更为严谨的考证作出了回应。她从文化史的视角讲述了黄石国家公园里人熊关系的历史，以及熊的管理演化历史。① 熊的命运变化折射出不断变化的人们的自然观以及由此引发的人与人之间的关系变动。国家公园管理局管理熊的难点在于，熊管理政策既要使游客满意，又要符合每一时期西部资源管理方向。该书的不足之处是作者对熊与生态系统中的其他生物之间的关系分析不够深入，大众文化对熊形象产生的影响探讨略显不足。

钓鱼桥村是黄石公园内不可多得的灰熊栖息地，关于钓鱼桥村灰熊管理的研究也比较丰富。苏·孔索洛·墨菲（Sue Consolo Murphy）和贝斯·克丁（Beth Kaeding）撰写的《钓鱼桥村：关于黄石国家公园中的灰熊管理 25 年争论的探讨》梳理了黄石灰熊在钓鱼桥地区的科学研究和管理的相互作用历程。② 作者指出，管理者和科学家都希望利用最容易获得的信息来影响自然资源管理，然而科学数据传播的不顺畅、社会政治环境的不断变化总是延缓了最有利的管理措施的实施。因此，作者建议，联邦机构应该增加机构的灵活性，以适应不断变化的社会变化和技术进步。迈克尔·约齐姆在《保护黄石：影响国家公园管理的科学与政治》的其中一章中，描述了管理方、科学家、利益团体围绕钓鱼桥灰熊管理展开的争论。他认为，钓鱼桥灰熊管理不力的重要原因之一是科学研究不能有效证明钓鱼桥的开放会引发灰熊的死亡。

5. 关于科学家的研究

关于从事黄石公园科学研究的科学家的专题研究不多。通过对

---

① Alice Wondrak Biel, *Do（Not）Feed the Bears：The Fitful History of Wildlife and Tourists in Yellowstone*, Lawrence：University Press of Kansas, 2006.

② Sue Consolo Murphy and Beth Kaeding, "Fishing Bridge：25 Years of Controversy regarding Grizzly Bear Management in Yellowstone National Park", Ursus, Vol. 10, *A Selection of Papers from the Tenth International Conference on Bear Research and Management*, Fairbanks, Alaska, July 1995, and Mora, Sweden, September 1995（1998）, pp. 385 – 393.

Springer、Jstor、Google、美国国会图书馆、以黄石公园研究见长的蒙大拿州立大学图书馆等数据库进行检索，笔者检索到的以个体科学家为独立主题的研究主要是关于查尔斯·亚当斯、奥尔多·斯图尔特·利奥波德等几位科学家的。然而，从事国家公园野生动物研究的科学家众多，在对公园的决策影响较大的科学家中，有的获得了更多的社会关注，而有的只有较低的社会关注度。笔者认为这本身就是一个值得关注的现象，因此，笔者计划在本书的结论中对这一现象进行剖析。另外，还须说明两点：一是，在国家公园、黄石国家公园的研究中，对相关科学家的分析探讨还是为数不少，其中在这方面做得比较出色的有普理查德的《保存黄石的自然条件：科学与自然观》；二是，相关科学家取得的科研成果丰硕，个人论著也很丰富。

关于亚当斯的研究，除了一些介绍它在科学上的贡献以外[1]，普理查德在《保存黄石的自然条件：科学与自然观》第二章中，专门阐述了亚当斯关于保存黄石公园自然条件的生态管理理念。[2] 亚当斯的生态思想既体现了那个时代最新的生态思想，也反映了文化传统对环保实践的制约。

蒙大拿州立大学卡罗尔·莱德尔（Carol Henrietta Leigh Rydell）的硕士论文《奥尔多·斯图尔特·利奥波德：野生动物学家和公共话题制造者》是关于奥尔多·斯图尔特·利奥波德的专题研究。[3] 作者叙述了利奥波德从科学家到野生动物管理专家的转变，着重分析了利奥波德在 20 世纪 60 年代之后在野生动物管理领域产生的巨

---

① Hugh M. Raup, Charles C. Adams, 1873—1955, *Annals of the Association of American Geographers*, Vol. 49, No. 2, Jun. 1959, pp. 164 – 167.

② James A. Pritchard, *Preserving Yellowstone's Natural Conditions: Science and the Perception of Nature*, Lincoln: University of Nebraska Press, 1999, pp. 35 – 45.

③ Carol Henrietta Leigh Rydell, Aldo Starker Leopold: Wildlife Biologist and Public Maker, Master's thesis, Montana State University, 1993.

大影响力。作者认为，斯图尔特·利奥波德在野生动物管理领域取得的成就，不是依靠他的父亲——著名生态伦理学家奥尔多·利奥波德的名声，而是通过自己的努力取得的。论文材料主要是利奥波德的论著和个人文件。另外还有口述史《生物学家斯图尔特·利奥波德》，留下了珍贵的资料。①

6. 其他视角进行的研究

国家公园的建筑无疑是影响公园景观和生态的重大议题。大多数学者是从建筑设计角度开展研究的。伊桑·凯尔（Ethan Carr）更重视景观与旅游、文化之间关系研究。凯尔在《荒野设计：景观与国家公园管理局》一书中揭示了公园里建筑景观的视觉意义：设计的景观既要充当人与自然的中介，又要引导游客体验并强化他们对自然的感知。② 他认为，国家公园应重视景观的文化价值，从而确保国家公园的保存而非开发。2007 年，凯尔又撰写了《使命66：现代主义与国家公园的困境》，该书回顾了"使命66"时期典型建筑兴建的原因、过程及其最后的结果，阐述了几项重点工程的意义。③ 作者指出，工程吸引了更多的游客，扩展了国家公园体系。他认为，工程为今天的国家公园资金运作与提供娱乐奠定了基础。同时，他也承认，这些建筑是矛盾体，一方面，它们代表景观设计新的趋势，并反映了新形势下的公园管理理念；另一方面，它们又与保存"不受损害的"荒野观念相矛盾。

还有一些论题受到学者的关注，比如国家公园的解说④、国家

① Sierra Club Oral History Project, *A. Starker Leopold: Wildlife Biologist*, San Francisco: Sierra Club, 1984.

② Ethan Carr, *Wilderness by Design: Landscape Architecture and the National ParkService*, London: University of Nebraska Press, 1998.

③ Ethan Carr, *Mission 66: Modernism and the National Park Dilemma*, Amherst: University of Massachusetts Press in association with the Library of American Landscape History, 2007.

④ Barry Mackintosh, *Interpretation in the National Park Service: A Historical Perspective*, Washington, D. C.: Government Printing Office, 1986.

公园与旅游业的关系。后者代表作有《旅游与国家公园——发展、历史与演进的国际视野》①，该书有两个特点：第一，考察了国家公园概念传播和演化的路径和原因，以及时空框架之内国家公园概念所经历的变化；第二，梳理了旅游业和国家公园之间的长期关系。这两个特点有利于从较长时段和国际视野来审视国家公园的发展。尽管原书是多位作者合著，但布局谋篇并不散乱。

另外还有一些资料汇编，如 1895 年齐藤堡著《黄石国家公园的历史与描述》，作为早期的作品，其附有丰富的图表，具有重要的参考价值。② 著名黄石历史学家奥布里·海恩斯编写了公园地名辞典，侧重历史描述，而非地理考订。③ 维特尔西编撰了《黄石地名》④《第一个国家公园中的逞勇与意外事故死亡》⑤《黄石故事：马和马车旅行指南》⑥ 等。

（二）国内相关研究

美国的国家公园建立早，体系成熟，管理规范，因而成为国内一些风景园林专家的研究课题。20 世纪 90 年代，诞生于美国的环境史开始吸引了国内学者的关注，作为美国环境史重要研究领域的国家公园同样受到国内学者的重视。在这一背景下，一批关于美国国家公园、黄石国家公园的成果相继问世。

---

① ［澳］沃里克·弗罗斯特、［新西兰］C. 迈克尔·霍尔编：《旅游与国家公园：发展、历史与演进的国际视野》，王连勇译，商务印书馆 2014 年版。

② Hiram Martin Chittenden, *The Yellowstone National Park*：*Historical and Descriptive*, Norman：Oklahoma University Press, 1973.

③ Aubrey Haines, *Yellowstone Place Names*：*Mirrors of History*, Niwot：University Press of Colorado, 1996.

④ Lee H. Whittlesey, *Yellowstone Place Names*, Helena：Montana Historical Society Press, 1988.

⑤ Lee H. Whittlesey, *Death in Yellowstone Accidents and Foolhardiness in the First National Park*, Boulder：Roberts Rinehart Publishers, 1995.

⑥ Lee H. Whittlesey, *Storytelling in Yellowstone*：*Horse and Buggy Tour Guides*, Albuquerque：University of New Mexico Press, 2007.

1. 关于美国国家公园野生动物保护的研究

这方面的研究比较欠缺，仅有少数几篇，且是介绍性质的文献。远海鹰在《美国国家公园管理和野生动物保护》一文中指出，美国联邦政府有三个部门管理森林与野生动物，即林业局、国家公园管理局、渔业和野生动物管理局，并介绍了它们各自管理的目的、分工和管理手段。① 马建章等人在《美国的野生动物保护区和国家公园》一文中简要介绍了自然保护区在教育和娱乐的功能及其一些做法。②

2. 关于美国国家公园、黄石国家公园的研究

（1）从历史学角度进行的研究

有学者揭示了黄石国家公园的文化意义。王鹏飞、安维亮的《国家公园与国家认同——以黄石公园诞生为例》一文探讨了国家公园与国家认同的联系，指出美国黄石国家公园的成立是为了打破美国对欧洲文化的自卑感，有助于国家认同。③ 王俊勇在《美国黄石国家公园形象的历史演变》一文中指出，黄石公园形象的演变反映了不同群体的自然观，占据主导地位的自然观将对未来黄石公园的发展走向起着决定性作用。④ 高科的《美国西部探险与黄石国家公园的创建（1869—1872）》追溯了国家公园思想的形成，分析了《黄石公园法》意义，作者认为国家公园保护模式对美国乃至世界各国的国家公园发展有着深远的影响。同时，作者讨论了黄石公园的创建与国家认同之间的联系以及早期国家公园面临的发

---

① 远海鹰：《美国国家公园管理和野生动物保护》，《野生动物学报》1990 年第 4 期。
② 马建章、罗理扬、邹红菲：《美国的野生动物保护区和国家公园》，《野生动物》1999 年第 5 期。
③ 王鹏飞、安维亮：《国家公园与国家认同——以黄石公园诞生为例》，《首都师范大学学报》（自然科学版）2011 年第 6 期。
④ 王俊勇：《二战前美国黄石国家公园形象的历史演变》，《学术界》2016 年第 7 期。

展困境。① 陈耀华等人撰写了《从美国国家公园的建立过程看国家
公园的国家性——以大提顿国家公园为例》一文，该文详细回顾了
美国大提顿国家公园曲折建立过程中各方利益的博弈以及对公园的
影响，作者指出了国家公园的"国家性"：国家整体利益至上，兼
顾公众合理利益。②

近年来，国家公园研究受到一些历史学硕士的关注。厦门大学
吴宝光的硕士论文《美国国家公园体系的起源及其形成》考察了美
国国家公园体系的起源及其历史条件，阐释了国家公园源起的四个
因素：美国独有的荒野历史文化、民主观念与公共土地制度的承
袭、面积广大的荒野、雄厚的财力。③ 另外，还有首都师范大学杜
玉杰的硕士论文《美国国家公园之父——约翰·缪尔》④、张宏亮
的硕士论文《20世纪70—90年代美国黄石国家公园改革研究》⑤。

（2）从旅游管理与规划视角进行的研究

清华大学杨锐从多个角度探讨了美国国家公园的发展，既有美
国国家公园体系的发展与总结，也有对国家公园运动从美国往世界
范围内发展的探讨，还有美国国家公园的立法和执法等。⑥

有学者从管理体制的视角进行了研究。李如生的《美国国家公

---

① 高科：《美国西部探险与黄石国家公园的创建（1869—1872）》，《史林》2016年第1期。高科还关注了印第安人在黄石公园的命运变迁，参见《美国国家公园建构与印第安人命运变迁——以黄石国家公园为中心（1872—1930）》，《世界历史》2016年第2期；《观念、利益与政治：从黄石公园管理看美国早期国家公园发展的历史困境（1872—1916年）》，《安徽史学》2020年第6期。

② 陈耀华、张帆、李斐然：《从美国国家公园的建立过程看国家公园的国家性——以大提顿国家公园为例》，《中国园林》2015年第2期。

③ 吴宝光：《美国国家公园体系的起源及其形成》，硕士论文，厦门大学，2009年。

④ 杜玉杰：《美国国家公园之父——约翰·缪尔》，硕士论文，首都师范大学，2009年。

⑤ 张宏亮：《20世纪70—90年代美国黄石国家公园改革研究》，硕士论文，河北师范大学，2010年。

⑥ 杨锐：《美国国家公园体系的发展历程及其经验教训》，《中国园林》2001年第1期；《土地资源保护：国家公园运动的缘起与发展》，《水土保持研究》2003年第3期；《国家公园的立法和执法》，《中国园林》2003年第4期。

园管理体制》是一本较为系统地介绍美国国家公园管理体制和政策的专业书籍。①

有学者探讨管理哲学。清华大学郑易生教授的《坚持保护民族资源的使命——兼论中国不能照搬美国国家公园制度》②探讨了美国国家公园管理哲学，他提出了三点：从国会、官员到社会团体，一直不间断地宣传和重申国家公园作为美国人创造的最好的一个制度所体现的理想与理念；不少总统都有亲自决定国家公园问题，并为之发表讲演的记录；那些为创建、保护、改进国家公园的人，至今被作为历史人物受人尊敬。这个观点颇有见地。

有学者注意到了国家公园生态理念。陈耀华、陈远迪的《论国家公园生态观——以美国国家公园为例》一文探讨了国家公园生态观的重要内容，简要叙述了美国国家公园生态理念的演变过程，阐释了美国国家公园在保护利用的实践中采取的生态措施：大生态观、整体保护、自然本底、优化管理以及和谐发展。③作者指出，国家公园的生态理念分为五个部分：1832—1916年，国家公园的萌芽和生态觉醒阶段；1916—1940年，国家公园成型和生态保护法制化阶段；1940—1963年，国家公园停滞与再发展以及生态受冲击的阶段；1963—1985年，国家公园完善立法和生态保护强化阶段；1985年至今，国家公园科学管理与教育拓展及生态保护逐步完善阶段。

有学者对美国国家公园管理经验进行了研究。例如，吴承照等人撰写的《国家公园生态系统管理及其体制适应性研究——以美国

---

① 李如生：《美国国家公园管理体制》，中国建筑工业出版社2005年版。
② 郑易生：《坚持保护民族资源的使命——兼论中国不能照搬美国国家公园制度》，《中国园林》2006年第4期。
③ 陈耀华、陈远迪：《论国家公园生态观——以美国国家公园为例》，《中国园林》2016年第3期。

黄石国家公园为例》①、郑敏的《美国国家公园的困扰与保护行动》、安超的《美国国家公园的特许经营制度及其对中国风景名胜区转让经营的借鉴意义》②、高科的《公益性、制度化与科学管理：美国国家公园管理的历史经验》③ 等。

另外，朱里莹、徐姗、兰思仁合著的《国家公园理念的全球扩展与演化》一文分析世界范围内国家公园各阶段的发展模式演化，梳理了国际上国家公园定义的流变。④

综上所述，学术界对国家公园、黄石国家公园展开了多学科、多视角的研究，并成为学界一个持久的课题。就黄石公园研究而言，研究视角多样化，学者们从文化史、政治史、管理史、环境史等多视角进行研究；研究对象也多样化，既涉及地名研究、早期探险、公园创建等，也包括公园的管理、公园中的印第安人、公园建筑、野生动物管理等。前人的研究成果为本书研究提供了开展进一步研究的学术基础。从与本书相关度视角审视国家公园、黄石公园以及国家公园中的野生动物研究，学术界的研究呈现出如下特点：

第一，关于国家公园的利用与保护的矛盾，这个矛盾体现在1872 年的《黄石公园法》、1916 年的《国家公园机构法》中，学者们对此也有深入论述。20 世纪 60 年代的约翰·伊赛，80 年代的阿尔斯通·蔡斯、约瑟夫·萨克斯、罗纳德·弗雷斯塔，90 年代的理查德·韦斯特·塞拉斯、克里斯·麦格，直至 2009 年的约

---

① 吴承照等：《国家公园生态系统管理及其体制适应性研究——以美国黄石国家公园为例》，《中国园林》2014 年第 8 期。

② 郑敏：《美国国家公园的困扰与保护行动》，《国土资源情报》2008 年第 10 期；安超：《美国国家公园的特许经营制度及其对中国风景名胜区转让经营的借鉴意义》，《中国园林》2015年第 2 期。

③ 高科：《公益性、制度化与科学管理：美国国家公园管理的历史经验》，《旅游学刊》2015 年第 5 期。

④ 朱里莹、徐姗、兰思仁：《国家公园理念的全球扩展与演化》，《中国园林》2016 年第 7期。

翰·迈尔斯，2013 年的罗伯特·基特尔，都在各自的著作中专门论述这一矛盾，在论著中提及这一矛盾的学者也不在少数。学者们普遍认为：其一，从第一座国家公园——黄石公园创建开始，管理上就面临着利用与保护之间的冲突；1916 年国家公园管理局建立之时，这种矛盾集中体现在这个机构的管理思想中，使得利用与保护的冲突制度化，更容易受到外界的冲击。例如在战争期间，国家公园就必须服从于战争的需求，而对生态的保护就居于次要位置；其二，利用与保护之间的紧张和冲突体现在公园管理的各个方面，野生动物管理也涵盖其中。这成为公园生态管理的难点之一。

第二，关于国家公园，特别是黄石公园的文化史研究成果比较丰富。多数学者倾向于认同文化因素在黄石公园保护中占据主导地位，但是对于特殊群体，尤其是科学家在黄石公园生态保护中应有的作用揭示不够。

第三，已有的研究对科学、管理、野生动物三者的互动关系有所涉及，不乏深入论述，但有些问题仍有待研究。杰拉德·怀特、保罗·舒勒里、李·维特尔西、迈克尔·约齐姆、詹姆斯·普理查德等学者对科学、管理、野生动物三者的关系都有较好论述，或着眼于国家公园整体研究，或聚焦某一种动物展开论述，或探讨当代管理面临的问题，或从自然条件的保存视角进行考察，各有所长。但聚焦科学家在黄石公园生态保护中的角色，从一个较长时段综合考察，黄石公园的生态管理尚没有作为一个独立课题来开展。

第四，生态思想的演进展现不够。科学家在黄石公园中开展的科学研究蕴涵着生态思想，生态思想随着时间推移逐渐反映在黄石公园保护理念中。对此，学者们多是考察某一阶段的生态保护理念，例如，弗雷德里克·H. 瓦格纳的《失去平衡的黄石公园生态系统：麋鹿、科学与政策冲突》就是以"自然规制"保护思想为考察对象，在方法论上主要以政治学方法为主。

在肯定他们取得成果的同时，还应该认识到学术界对于保护理念、生态思想的历史演进所进行的考察相对欠缺，这不利于我们从变化的历史中推进对事物的理解。

第五，国内相关研究尚处于起步阶段。由于我国环境史研究起步较晚，国家公园创建也是最近一些年才发生的事，学术界对此关注也较晚，学术积累还远远不够。

四　研究思路、方法、拟解决的关键问题

（一）研究思路

本书将系统叙述黄石国家公园生态保护的历史过程，深入分析黄石公园野生动物管理（保护）政策发生的重大转变及其原因，在此基础上，全面透视科学和管理，及其相互关系，在黄石公园野生动物保护过程中的产生的复杂作用。具体章节安排如下：

第一章是背景介绍。首先简要介绍 1872 年前黄石地区的生态环境，重点论证 19 世纪中期以前黄石公园拥有丰富野生动物，以及人与自然的和谐关系；接着叙述黄石地区创建为国家公园的过程，分析黄石公园创建法对未来野生动物管理产生的影响。在此基础上，探寻公园创建后近半个世纪内野生动物的悲惨命运及其影响，以及具有较高科学素养的新闻工作者的拯救行动。

第二章考察野生动物管理的开端与生态思想的初步形成。探讨国家公园机构法的内容，剖析国家公园管理局的管理特点。阐述黄石公园建立至 19 世纪 20 年代科学家们在国家公园管理局、黄石公园开展的科学研究和参与的管理活动，揭示他们这一阶段研究活动的特点，剖析他们传达出的生态理念及其对管理机构、管理行为产生的影响。

第三章聚焦 20 世纪 30 年代中期至 60 年代上半期自然平衡观的形成与应用。这部分选取鹿、熊、野牛的管理，重点论述与之相

关的科学家在黄石公园开展的科研活动，分析科学介入野生动物管理的方式，充分展现科学家、管理者、利益相关方三者之间既有合作，又有冲突的复杂关系，在此基础上展现生态管理理念在不同利益和观点交锋中的形成与演化，从而揭示黄石公园生态保护的内在矛盾。

第四章阐述生态保护理念的形成以及影响。这一章首先从环保运动的兴起、联邦环保法律的出台等方面论述科学家在黄石公园保护中影响力扩大的条件，进一步探究自然规制、大黄石生态系统等生态保护理念形成过程中科学家所发挥的独特作用，分析生态保护理念对野生动物的复杂影响，以及贯穿其中的利益纷争和科学家的应对。

结论部分，从几个方面总结全文：第一，总结黄石公园生态保护发生转变的重要转折点，指出生态保护思想的演进，进一步探讨科学家在其中发挥的作用。第二，分析科学家在野生动物保护中产生重要影响的方式。第三，对国家公园生态保护过程中呈现出的内在矛盾进行总结性分析，并提出值得进一步思考的新课题。

（二）研究方法

生态学是本论题的理论分析工具。我国环境史前辈学者侯文蕙指出："似乎就在环境史产生的那一刻起，生态学即发挥了这样的功能，成了这门新学科的理论基础和分析工具。"然而，"生态学的概念总是在不断地被修正"[①]。那么，环境史研究应该如何运用生态学理论呢？云南大学尹绍亭先生在论及自己研究西南少数民族生产方式"刀耕火种"心得体会时指出："生态系统理论是生态学的重要分析工具……生态系统理论认为，系统由组成其结构的众多要素构成，各种要素相互依存、相互作用，系统内在的调适机制是维持

---

① 侯文蕙：《环境史和环境史研究的生态学意识》，《世界历史》2004 年第 3 期。

系统结构平衡和良性循环的保障；而如果一种或几种系统要素发生不可逆转的变化，且使得系统的调节机制失去调适功能的话，那么系统的循环和稳定就会受到破坏，系统将会分崩离析乃至消亡。"①循着尹绍亭先生的思路，本书运用生态系统理论深刻理解黄石生态系统及其变化。总的来说，运用生态学作为理论分析工具来考察黄石公园的生态变化，有助于我们理解野生动物在整个黄石生态系统中的位置以及野生动物之间的相互联系，有助于我们理解科学家的野生动物研究。在此基础上，我们就能够准备把握人类管理理念、生态保护思想的演进，客观评价科学家在野生动物保护中的作用。

根据研究相关度，本书还将运用生物学相关知识。跨学科研究是环境史的一个基本方法。"跨学科研究就是跨越人文、社会科学和自然及工程科学的界线，互相借鉴和融合。"② 我们要正确理解黄石生态系统中的生态变化，必须准确把握野生动物的饮食习惯、生活方式、栖息、冬眠、交配、繁衍等生物学知识，这样才能深入分析科学在黄石公园的野生动物保护中的作用。

本论题还运用环境史其他分支领域，如环境政治史、环境文化史的方法。环境政治史注重"研究一个社会的政治结构和功能，以理解它与环境的关系"，也关注"决策者的价值观念、思想意识和兴趣爱好对环境政策发挥的影响"。只有运用环境政治史方法，才能正确理解科学家与关于野生动物保护的政府决策、法规制定之间的相互作用。环境文化史主要研究"人类如何感知环境，这种认识反过来又是如何影响人类对环境的适应和利用"。运用环境文化史方法能使我们深入领悟科学家所表达的生态思想和环保意识及其对环境的作用。

---

① 尹绍亭、耿言虎：《生态人类学的开拓：刀耕火种研究三十年回眸——尹绍亭教授访谈录》，《鄱阳湖学刊》2016 年第 1 期。

② 包茂宏：《环境史学的起源和发展》，北京大学出版社 2012 年版，第 16 页。

（三）拟解决的关键问题

第一个问题：决定黄石公园生态走向的是政治作用、科学作用抑或思想文化因素？2013年，迈克尔·约齐姆在其新著《保护黄石：科学和国家公园管理政治》中通过对四个案例的分析认为，政治相比科学而言更为重要，但国家公园管理局必须获得其他联邦政府机构或利益集团的支持。特尼在其博士论文《从变革到渐进性改革：范式对黄石国家公园野生动物政策的影响》中提出植根于欧洲历史的"自然平衡"观念对生态管理政策有着深刻的影响。到底如何评价三者的作用，还需要在历史的叙述中进一步探讨。

第二个问题：科学家作用于黄石公园野生动物政策，其影响大小到底取决于科学家的研究成果，还是社会的整体环境，或者两者的共振？从已有的相关研究看，这个讨论视角较为缺乏，更多的是集中讨论科学家个人对某类野生动物保护产生的影响。因此，本论题特别注意把科学家个人及其研究置于所处的时代和历史环境中进行考察。

第三个问题：国家公园作为自然保护区在保存自然方面到底能起到多大作用？这个问题牵涉到"人与自然能否和谐相处"这个人类重大课题。迄今学者们主要讨论的是"利用"和"保护"之间的矛盾，联合国教科文组织对国家公园下的定义告诉我们，必须在"利用"和"保护"之间寻求一种平衡。那么这种平衡能在科学的帮助下实现吗？也就是说，"人与自然的和谐"能否在国家公园实现？本书将在梳理黄石国家生态保护历史的基础上，尝试回答这一问题。

第 一 章

黄石国家公园创建前后的生
态环境(20 世纪以前)

1865 年美国南北战争结束后，美国工业化进程加快，经济呈现出罕见的快速发展。此时，美国西部大开发导致了"西部边疆"的加速消失。然而，这种快速发展却带来了对自然环境的巨大破坏。在这一时代背景下，为了保存美国西部"独特"的自然景观，美国于 1872 年创建了黄石国家公园。在黄石国家公园的创建中，作为本书研究对象之一的科学家发挥了什么作用呢？要研究一个区域的环境变化，必须先弄清楚该区域的"原初环境"。那么，作为本书研究区域的黄石国家公园，其创建前的"原初环境"又是怎样的呢？它在黄石国家公园创建后经历了什么样的变化？产生这样变化的原因又是什么呢？本章将对上述问题予以一一阐述。

第一节　黄石地区早期的生态环境

一　黄石国家公园的地理概况

黄石国家公园的主体部分位于怀俄明州境内，北部、西部的部分区域分别位于蒙大拿州和爱达荷州，公园总面积达 7988 平方公里。

北美大陆分水岭是位于落基山脉上一道分割太平洋流域和大西洋流域的想象线，它的其中一段从黄石国家公园东南角斜穿过公园到达公园西边的爱达荷、蒙大拿和怀俄明三州交界处，黄石国家公园的主体部分位于分水岭的东部。

黄石公园坐落在黄石高原上，黄石高原是一座火山高原，平均海拔约为2400米。高原四周环绕着海拔高达2700米至3400米的山脉，包括向西北延伸的加勒廷山脉（Gallatin Mountains）、北面的熊齿群山（Beartooth Mountains）、向东延伸的阿布萨罗卡山脉（Absaroka Mountains）以及向西南和向西延伸的提顿山脉（Tedon Mountains）和麦迪逊山脉（Madison Mountains）。黄石高原的这种特征，构成了一个以黄石高原为中心、面积达1900万英亩的大黄石生态系统，包括7个国家森林、2个国家公园、3个联邦野生动物庇护所，堪称美国土地上的名副其实的最丰饶区域之一。该区域被描述为"大片连续的森林覆盖的山地，未开发的草原和盆地，它们包围着黄石国家公园，包括了48个本土州最富饶、几乎完美的多样化的野生动植物和荒野"[1]。

黄石湖是公园最大的水体，面积约350平方公里。黄石湖位于公园东南部，紧邻大陆分水岭东北部。湖水平均深度42米，最深处约120米；湖岸线长达180公里。海拔约2357米的黄石湖是北美最大的高海拔湖泊。由黄石湖流出的黄石河水在北达科他州与密苏里河交汇，最后经密西西比河流入墨西哥湾，属于大西洋水流域。97公里长的黄石河是"美国境内唯一没有水坝的河流"。由黄石湖流出的河水，流经大约38公里地带形成了黄石大峡谷。大峡谷气势磅礴，深度约60米，宽约200米，长约32公里，这里是黄石公园最壮丽、最华美的景色。黄石河水临近大峡谷，陡然变急，巨大

---

① Tim W. Clark and Steven C. Minta, *The Greater Yellowstone Ecosystem：Prospects for Ecosystem Science，Management，and Policy*, Moose, NY：Homestead Publishing, 1994, p. 10.

的落差形成两道壮丽的瀑布，轰鸣着泄入大峡谷。这两个瀑布分别是上瀑布，有 130 米落差；下瀑布，有 100 米落差。

　　喷泉是黄石公园最著名的地质特征之一，上喷泉盆地位于风景如画的火洞河谷，是黄石地区拥有热液特征的最集中地，被誉为"喷泉之都"。根据奥林·D. 维勒（Olin D. Wheeler）的说法，这个地区拥有不少于二十处一流的热泉。① 其喷发比其他地区的热泉威胁要小。约翰·海德（John Hyde）的《旅行指南》指导游客从老忠实喷泉附近的一个略高小山丘上俯瞰，可以观察到盆地的全景图。站在小山丘上，整个喷泉带一览无余，热水发出的如吹号般的声音在耳畔响起，有的间歇时间很有规律，发出有节奏的音调；有的奏着独音，在和谐的大合唱声中发出最强音；不同喷泉喷发产生的共振是一首大自然和谐美妙的旋律。其中，老忠实喷泉是最著名的喷泉，成为黄石公园的"情感主菜"，它喷发间隔时间总是 1 小时，表现最为"忠实"，故名"老忠实泉"，它调和了"理性的文明"与"变幻莫测的荒野"。黄石公园著名的地热特征形成了在世界上其他地方寻觅不到的植物与微细菌，这里有它们独特的微生物栖息地②。

二　黄石地区早期的野生动物

　　黄石地区的地名反映了黄石地区的地貌特征。1796 年，探险者的首张地图标有"石头或乌鸦河"（Rock or Crow River）。次年，一张地图上的河流标注为"R. des roches Jaune"（即黄色的石头河），这个名字来自明尼阿波里斯市地区的生活在河流下游的苏族希多特萨人（Siouan Hidatsas）。大部分来访者，包括许多现代旅行作家都

---

　　① Chris J. Magoc, *Yellowstone: The Creation and Selling of an American Landscape, 1870—1903*, Albuquerque: University of New Mexico Press, 1999, p. 92.

　　② Dennis H. Knight, *Mountains and Plains: The Ecology of Wyoming Landscapes*, New Haven, CT: Yale University Press, 1996.

认为，黄色石头是指黄石河冲刷而成的大峡谷中被热液改变的石头。当然关于黄石河命名还有其他一些说法，但并不影响黄石河的地貌特征。

对于黑脚族来说，公园地区是"烟雾缭绕的"地方。肖肖族称其为"水不断涌出"的地方。现代班洛克人称他们部落的先人传统上把该地视为"野牛麇集区"。另外还有一些部落称之为"燃烧的山脉"或者"世界之巅"等。不管哪个名称，都反映了公园地区的显著特征：高高的海拔、活跃的热液和丰富的猎物。

黄石地区自1603年隶属法国，至1803年，它在法国、西班牙、英国之间经历了十四次管辖调整、买卖和征服。到1803年，美国购买路易斯安那使得该地为美国所有，但大裂谷西南部的黄石地区直到1824年才归属美国。1803—1873年间，黄石地区或部分地区在路易斯安那、密苏里、俄勒冈、那布拉斯卡、华盛顿、达科他、爱达荷、怀俄明和蒙大拿之间有十一次管辖的变化，最终划定的黄石地区位于怀俄明、爱达荷和蒙大拿三地的交接处，这对后来黄石公园的野生动物管理有着重要影响。

尽管在约翰·科尔特（John Colter）之前就有白人到访黄石地区，但几乎没有留下文字记录，科尔特成为第一位有记录的到访白人。科尔特随刘易斯和克拉克探险队（Lewis and Clark expedition）到西部探险，当探险队其他成员返回东部后，他继续留在西部考察，于1807—1808年冬天到访黄石地区。后来，科尔特向他的朋友描述自己看到的黄石地热奇观："大地像是烧开的锅，到处冒着浓烟和气泡，空气中散发着浓重的硫磺气味。"有趣的是，人们竟然把他描述的景象戏称为"科尔特的地狱"①。之后的狩猎者和探险者亦如此称呼，他们宣称确实存在这个景观，他们用"难闻的蒸

---

① ［美］理查德·福特斯：《美国国家公园》，大陆桥翻译社译，中国轻工业出版社2003年版，第56页。

汽""满盈着黏土的火山坑"等来描绘。有一些早期的地名仍反映出人们对黄石地区"地狱"的印象，"它们得名于那些环境格外险恶的地区，如：地域咆哮河、地域清汤河、恶魔之釜等等。这一名称源于猎人考尔特尔（即科尔特）所讲述的关于可怕的硫磺石的故事"①。

尽管科尔特的描述不被一般人所接受，但依然有很多捕兽人追随而至。他们常常受雇于千里之外的大公司。这一时期，还有边远居民（Backwoodsmen）和山人（Mountain men）活跃在黄石地区。1800 年代早期，山人名声远播城市。19 世纪临近结束时，西奥多·罗斯福的名著《西部的胜利》（*The Winning of the West*）再次宣传了山人。罗斯福赞扬山人丹尼尔·布恩（Daniel Boone）"克己、忍耐、勇敢，对冒险永恒的热爱，面临危险绝对相信自己的力量和智谋"。除了这些品质外，人们眼中的山人还是自由的、无所束缚的。但事实上，他们与商业、政治都有着一些微妙的联系。撇开这些叙述，这个群体还留下了一些珍贵的记录，这些记录真实反映了大量野生动物减少，农业和畜牧业给草原植物带来重大改变之前的黄石地区景观。

山人的叙述普遍比较简单，很少有细节描述，但一般会提到热泉。1819 年，一位名叫亚历山大·罗斯的捕猎人这样描述热泉，"沸腾的喷泉，数量众多，温度不一，其中一两个温度较高，能把肉煮熟"②。1826 年，宾夕法尼亚人丹尼尔·波茨（Daniel Potts）这样描写西拇指盆地，"沸腾着的、散发着热气的喷泉……把夹杂着漂亮的细黏土和糊状物抛掷空中，约有 20 至 30 英尺高"③。缅因

①　[美] 约翰·缪尔：《我们的国家公园》，郭名倞译，吉林人民出版社1999 年版，第45 页。

②　Alexander Ross, *The Fur Hunters of the Far West*, Vol. 1, London：Smith, Elder and Co.，1855，p. 267.

③　Paul Schullery, *Seaching for Yellowstone：Ecology and Wonder in the Last Wildness*, Helena：Montana Historical Society Press，2004，p. 37.

人奥斯本·拉塞尔（Osborne Russell）擅长写作，于 1834 年来到西部，之后几年去过几趟黄石地区。在他笔端，有丰富的野生动物、漂亮的风景、"宏伟的城垛"，呈现出"荒野般的浪漫"。1839 年 8 月，他在黄石湖的营地遭到黑脚族的袭击。就在受伤的同伴绝望的时候，拉塞尔发现这里是个猎物丰富的地方，他说："我能依靠我的双手和一只膝盖从这儿爬过去，杀死两到三头麋鹿，弄干肉，把皮毛做成庇护服，直到我们能再次上路。"[1] 尽管遭受打击，但他对此地流连忘返，甚至希望在此度过自己余生[2]。

1840 年左右，成为美国东部和欧洲市场上的牺牲品海狸濒临灭绝。然而，关于西部的故事依然流传。1833 年，费里斯（Warren Angus Ferris）听闻诱捕人讲述火洞河沿线的间歇泉，决定亲自去看看。他也因此被奥布里·海恩斯赞誉为"黄石地区第一位'游客'"，海恩斯之所以称他为游客，是因为费里斯的动机是欣赏惊奇风景，而非从事商业。他的记叙主要表达了对间歇泉奇观的惊叹。19 世纪 50 年代末 60 年代初，蒙大拿和爱达荷发现金矿，探矿人开始顺着溪流深入黄石腹地，他们的记叙多与探矿相关。60 年代末，具有官方背景的探险开始。1869 年，福尔松—库克—彼得森（Folsom-Cook-Peterson）探险队顺着矿工的足迹从波兹曼到达黄石河谷，一路勘察了大峡谷、黄石湖、间歇盆地、麦迪逊河谷。当他们到达拉玛山谷的时候，正值 9 月，他们能听见麋鹿从"四面八方"发出的活动声响。探险中，库克发现了大峡谷，为之叹服。这次探险的文字记录虽然没有出版，但却影响了 1870 年的沃森伯恩（Henry Washburn）探险，以及 1871 年的海登探险。

---

① Charles Cook, David Folsom, and William Peterson, *The Valley of the Upper Yellowstone: An Exploration of the Headwaters of the Yellowstone River in the Year* 1869, ed. Aubrey Haines, Norman: University of Oklahoma Press, 1965.

② Osborne Russell, *Journal of a Trapper*, ed. Aubrey Haines, Lincoln: University of Nebraska Press, 1955, p. 26.

那么，在创建为国家公园之前，黄石地区的野生动物情况到底如何呢？1992 年保罗·舒勒里和李·维特尔西在梳理 1882 年之前的 168 种叙述的基础上，得出几点结论：

第一，1800—1872 年间，大型哺乳动物在现黄石公园地区广泛分布，且非常丰富。

第二，麋鹿、野牛、叉角羚、北美黑尾鹿等有蹄动物广泛存在。其中麋鹿数量最多，分布最广；大角羊可能比现在还多，驼鹿仅见于现黄石公园地区的南部区域；白尾鹿不常见，山羊未曾出现过。

第三，食肉动物广泛存在，如狼、山狮、灰熊、黑熊、郊狼、狼獾、狐狸等。

第四，小型哺乳动物、食草动物等也可能广泛存在。①

两位学者进一步考察了前人记叙的具体细节产生的原因。他们认为，1800 年代早期正是小冰川的最寒冷时期，事实上很多旅行者也提到厚厚的积雪或恶劣的天气。由此判断，当时在黄石地区越冬的动物较之现在要少得多。1900 年代早期，关于黄石地区的野生动物有个"共同认识"：西部山区小型野生动物较多，而麋鹿、野牛等大型野生动物因为低地的人类定居而被"赶回到山中"。但实际上，在 19 世纪 80 年代靠近黄石地区的定居点根本就没有。而在 1882 年前的 168 篇记叙中，有 56 篇提及野生动物的数量，其中有 51 篇表达了野生动物的丰富，比例超过 90%。这说明，那种认为因过度捕猎或其他方法造成野生动物稀少的看法是站不住脚的。

① Paul Schullery and Lee H. Whittlesey, The Documentary Record of Wolves and Related Wildlife Species in the Yellowstone National Park areas Prior to 1882. pp. 1 - 3 to 1 - 173. in J. D. varley and W. G. Brewster, eds., *Wolves for Yellowstone? A Report to the Unites States Congress*, vol. 4, research and analysis. National Park Service, Yellowstone National Park, 1992.

我们还可以通过以下的文字记录，说明 19 世纪 80 年代之前野生动物的丰富。

1837 年奥斯本·拉塞尔对黄石湖地区的野生动物进行了描述。他称黄石湖地区有"成群的鹿群"，是"猎手的天堂"①。这一时期普遍使用"猎手的天堂"这一词汇来表达黄石地区野生动物的丰富。1839 年，拉塞尔和同伴被黑脚族袭击躲避在黄石湖岸边，在那儿他们目睹了一支约 60 人的印第安人狩猎队伍。这些印第安人"向一群正在湖边游泳的麋鹿射箭，有 4 只被杀死。他们把麋鹿尸体拖到岸边，花了 3 个小时屠宰，把肉包裹起来并背上。他们顺着布满石头的岸边行走了大约 1 英里，驻扎下来"②。

海登对黄石地区的野生动物也有描述。他这样描述：

在艰苦搜寻了两天半后，我们的猎手们终于回来了。他们只带来了一只黑尾鹿，尽管显得少得可怜，但对于补充我们的食品很重要了。看来，八、九月的夏天麋鹿和鹿都去山顶避暑了，以避开黄石湖低地成群的苍蝇。猎物的足迹随处可见，但动物本身难以发现。③

海登明确地告诉读者，通过动物足迹可知这里野生动物的丰富。他后来也成为一名黄石公园野生动物保护者。

另外，海登探险队成员的记叙也印证了野生动物的丰富。A. C. 皮尔博士（A. C. Peale）有写日记的习惯，他在日记中表达了

① Osborne Russell, *Journal of a Trapper*, ed. Aubrey Haines, Lincoln: University of Nebraska Press, 1955, p. 66.

② Osborne Russell, *Journal of a Trapper*, ed. Aubrey Haines, Lincoln: University of Nebraska Press, 1955, p. 105.

③ Ferdinand Hayden, *Preliminary Report of the the U. S. Geological Survey of Montana and Portions of Adjacent Territories Being a Fifth Annual Report of Progress*, Washington: U. S. Government Printing Office, 1872, p. 131.

对野生动物的特别兴趣。这些记录有：1871年8月9日，流弹射中一头麋鹿；8月11日，猎手们射杀三头麋鹿。

次年，海登探险队再次前往黄石公园探险，探险队共有13人，其中猎手5人。成员之一威廉·布莱克摩尔（William Blackmore）记录了7月末8月初为期三周里，5名猎手共射杀了13只羚羊、16头麋鹿、2头鹿、8只熊和其他一些小猎物。当皮尔博士到达他们位于泥火山的营地时，"发现他们都正在享受麋鹿烤肉……那地方摆放了如此之多的肉类，简直就像一个肉市场"①。

三　黄石地区早期的人类活动

保罗·舒勒里认为，"前历史"的术语是非常恶劣的说法，这是"欧洲概念"，它把欧洲白人来到北美之前的千百年来的人类活动视为"无意义"，"忽略了通过许多方式记载下来的早期历史的方方面面"②。事实上，北美土著居民的历史、文化、精神体现在他们在这片古老的土地上生活所留下来的遗迹。

距今14000—12800年，冰川从黄石高原消退时，气温依然保持较低，但是，这片大陆的西部开始呈现出一幅生机勃勃的景象。今天我们能轻易辨认出的很多动物已经出现，如猛犸象、大角野牛等食草动物，狼、狮子、剑齿虎、短面熊等食肉动物。③ 苔原是主要的植物，然而，恩格尔曼氏云杉开始取而代之。此时，这里的植物和动物开始重新生长，并足以维持人类的生存，人类随之生活于此。距今约9000—6000年的干旱期，白皮松、亚高山冷杉、美国

---

① Paul Schullery, *Seaching for Yellowstone: Ecology and Wonder in the Last Wildness*, Helena: Montana Historical Society Press, 2004, p. 46.

② Schullery, Paul, *Seaching for Yellowstone: Ecology and Wonder in the Last Wildness*, Helena: Montana Historical Society Press, 2004, pp. 6 – 7.

③ 参阅 Bjorn Kurten and Elaine Anderson, *Pleistocene Mammals of North America*, New York: Columbia University Press, 1980.

黑松等成为这一地区的主要植物景观。干旱期，干旱特别严重，甚至黄石湖都没有出水口。此时，猛犸象和许多其他大型动物从北美地区消失，而现代西部的动物区系都保留下来了。

距今 6000 年前，人类难以置信地熟练地生活在黄石地区。生活在黄石地区的人们堪称生活的多面手，一方面，他们利用采集植物果实、狩猎哺乳动物等方式来获取食物，以满足他们的营养所需；另一方面，他们发展出系统的迁移模式来寻找宜人的生活区域，以应对严寒的冬季。考古学家对黄石地区石头工具的考古证实了当时人们对野生动物的利用。考古学家在黄石湖岸边多个地点发现了 78 种工具，经过现代法医学考证，有 23 种工具上留有血迹。这些工具距今年份约为 10000—2500 年，上面留有鹿、野牛、麋鹿、绵羊、野兔、熊、鼠、犬类等动物的血迹，其中一把距今 9000 年的大燧石刀具上留有野牛的血迹，一个距今 9000—8500 年的黑曜石工具上显示有熊的血迹，另一个距今 10000—9000 年黑曜石器具上留有野兔的血迹。从对这些血样的分析可知，黄石地区的土著居民善于捕猎多种动物，这与平原部落狩猎对象主要是野牛不同。这说明在那个年代黄石地区野生动物的丰富。考古还发现一块石头磨具上留有麋鹿血迹，石头磨具通常用来磨碎植物，说明当时人们学会制作肉饼。

考古学、古生物学等学科的研究也丰富着我们对该地区气候变化和植物变迁的认知。1500—1000 年前，黄石地区北部草场气候潮湿，那里是低纬度的牧场，绝佳的狩猎场所，潮湿的气候至少使草原野鼠和西部跳跳鼠两种小型哺乳动物不再生活于此地[1]。此后，气候变得更潮湿。距今 1500 年以后，生活在黄石地区的人类开始

---

① Elizabeth Hadly Barnosky, "Ecosystem Dynamics Through the Past 2000 Years As Revealed by Fossil Mammals from Lamar Cave in Yellowstone National Park, U. S. A. ", *Historical Biology*, VN, Aug. 1994, pp. 71 - 90.

增多。增多的原因可能是整个北美人口增加的结果，也可能是自然界提供的营养物质更丰富了。公元前500年，这里的麋鹿数量一直在增长，这很有可能为黄石地区的人们提供了肉类。

1850年前的三四个世纪里有一个小冰川时代，1872年黄石国家公园创建时，黄石地区刚刚走出寒冷期。寒冷天气使得这里经历了漫长的冬季、厚厚的积雪以及潮湿的空气，尽管不能还原当时人类生存的艰难，但我们可以想象在这种寒冷气候下人类的生活状况。

黄石湖岸边的野牛屠宰场遗址和黑曜石工具、钓鱼桥附近的墓场遗址，这些考古发现可以证明黄石地区的景观已经打上了人类的印记。关于印第安人对北美环境的影响研究颇多，起初学界认为，印第安人对环境影响很小，只维持着人与自然的和谐关系。近几十年来，学界开始对上述观点进行了修正，部分学者认为，印第安人不仅改变了北美的自然景观，而且还对某些物种有破坏性影响。至于印第安人对野生动物的影响，主要表现为两种方式：一种是用火去烧毁野生动物的栖息地，改变野生动物的活动区域；另一种是狩猎影响动物的数量、分布和行为。[①]　那么，印第安人对黄石地区的野生动物影响有多大呢？传统观点认为，在白人来此地之前，土著居民对野生动物数量和分布的影响是温和的；当代激进观点认为，北美印第安人人口众多，他们严重破坏了黄石地区的大型哺乳动物，使之几近灭绝。但后一种说法依据本文上述是没有依据的。

1880年，黄石国家公园第二任管理主任菲利特斯·诺里斯（Philetus Norris）是位业余考古学家，他对黄石地区人类活动遗迹进行了描述：这里有大量人类建筑物和腐烂的台阶，每一个台阶都有数不清的马匹行走的痕迹和隐蔽点，从那里可以射杀哺乳动物。

---

① 　参阅付成双《北美印第安人的生态智慧评析：从西雅图酋长的演说谈起》，《郑州大学学报》2012年第5期。

诺里斯对黄石地区先民活动进行了总结，"这些印第安人留下了较少的永久占用证明，甚至还不及他们赖以生存的海狸、美洲獾等动物"①。舒勒里认为，这些遗迹是一代一代的人类长久生活于此留下的。②

人类在此还进行贸易活动。落基山脉东部的史前文化遗址的黑曜石来自黄石地区的黑曜石悬崖，可追溯至10200年以前。③ 黄石地区的火山活动产生了大量黑曜石，黑曜石质地好，除了用作装饰品以外，还可以制成手术刀般锋利的石片，来当作武器和切割器具使用。土著居民使用黑曜石超过千年之久，通过交易，黑曜石散布在北美西部各地，直至南部。这说明，黄石地区的黑曜石贸易是早期人类在北美范围内具有影响力的产业之一。④

综合上述，黄石地区有人类生活的历史并不短暂，他们利用丰富的自然资源，维持基本的生存状态；同时也改变了该地区的自然景观，但人与自然的关系保持着总体的和谐。舒勒里对1872年前黄石地区的人地关系作了评述：

> 欧洲人踏上这块土地之前，黄石地区就如同任何其他景观一样，是一个变化了的地方。时而，这儿冬季不是那么恶劣，适宜的气候养育了特殊的生命群落，此时的黄石友好舒适；时而，这儿历经了数世纪的恶劣气候，但之后又开始温暖而干燥。火、洪水、风以及其他有机体（我们认为，有机体必须包

---

① Philetus W. Norris, *Annual Report of the Superintendent of the Yellowstone National Park to the Secretary of the Interior for the Year* 1880, Washington：U. S. Government Printing Office, 1881, p. 36.

② Paul Schullery, *Seaching for Yellowstone：Ecology and Wonder in the Last Wildness*, Helena：*Montana Historical Society press*, 2004, p. 12.

③ Kenneth p. Cannon, *Paleoindian Use of Obsidian in the Greater Yellowstone Area*, *Yellowstone Science* 1, No. 4, 1993, pp. 6 – 9.

④ Paul Schullery, *Seaching for Yellowstone：Ecology and Wonder in the Last Wildness*, Helena：Montana Historical Society press, 2004, p. 13.

括人类）在白人到来之前的数千年中带来了景观的变化。甚至
以我们有限的考古研究显示：有时候，黄石地区是忙碌的地
方，猎人们、收集爱好者、渔夫、矿工和其他旅行者来到此
地，这段历史有千年之久了；此后，白人来到黄石地区，黄石
故事才有了他们在此的两百年"历史"。①

总结本节内容，可以认为：黄石国家公园不仅有奇异而壮丽的
自然景观，而且还有完整的、独特的自然生态系统。因此，这里不
仅吸引着游客慕名前来观光旅游，而且还对科学家前来从事科学研
究有着巨大的吸引力。

第二节　科学探险与黄石国家公园的创立

一　海登与1872年黄石国家公园的创立

英国牧师西尼·史密斯（Sydney Smith）在1820年嘲讽美国：
"谁阅读美国的书？谁观看美国的戏剧？谁欣赏美国的画或雕
像？"② 然而不久，作家詹姆斯·费尼莫尔·库珀（James Fenimore
Cooper）和哈得孙河风景画派便发现了美国的尊贵伟大之处，即拥
有欧洲无法与之比肩的巨大荒野。1832年4月20日，阿肯色州的
热泉以"国家的名义"予以保护。1841年艺术家乔治·凯特琳呼
吁"在迷人的荒野区域建立大的国家公园（Nation's Park），以容纳
人类与动物"。弗里德里克·诺·奥尔姆斯特德（Frederik Law Olm-
sted）在设计纽约城中心公园时，把自然当作社会控制和艺术美的

---

① Paul Schullery, *Seaching for Yellowstone: Ecology and Wonder in the Last Wildness*, Helena: Montana Historical Society Press, 2004, p. 16.

② Magoc, Chris J., *Yellowstone: The Creation and Selling of an American Landscape*, 1870—1903, Albuquerque: University of New Mexico Press; Helena: Montana Historical Society Press, 1999, p. 13.

双重工具。这表明美国人开始把西部壮美景观与民族主义联系起来，正如美国地理学家 D. W. 梅尼（D. W. Meinig）所认为的，"每个成熟的民族都有其象征景观。它们是民族形象的一部分，是维系一个民族的思想、记忆与情感交集的一部分"①。在美国人眼中，西部壮美的荒野景观就是其民族的象征景观。

　　然而，美国工业化的迅猛发展，不仅造成自然资源的严重浪费和破坏，还伴随着严重的环境污染和环境问题。19世纪中期以后，一些有识之士渐渐意识到资源保护的重要性。1864年乔治·马什（George Perkins Mursh）出版了《人与自然》一书，他尖锐地批评人类文明，尤其是欧洲和中东文明对环境的破坏，警告美国人三个世纪以来无节制的发展和开发产生的负面影响虽然缓慢，但已经不可持续。他颇有先见之明地提出，自然界中至少那些精致的部分应该获得保存。乔治·马什、约翰·鲍威尔（John Wesley Powell）、富兰克林·霍夫（Franklin Hough）等人为代表形成了自然资源保护思想，他们成了自然资源保护主义者。"根据自然保护主义理论，大自然具有其自身的价值，并不是仅仅基于它对人类的工具价值；保护的目的是为了保护大自然的原始之美，而不是仅仅因为它们对人类所具有的工具价值。"② 他们的宣传与努力，成为国家公园创建的思想基础。

　　国家公园创建的思想基础具备了，具体的创建过程与19世纪60年代末70年代初的三次探险密不可分。三次探险分别是1869年库克—福尔松—彼得森（Cook-Folsom-Peterson）探险，1870年沃什伯恩—兰福德—多恩探险（Washburn-Langford-Doane Expedition），1871年海登（Ferdinand V. Hayden）探险。其中影响最大的是1871

---

① "Symbolic landscapes: some idealisations of American communities", D. W. Meinig（ed.）. *The Interpretation of Ordinary Landscapes*, New York, 1979, p. 164. 转引自［英］阿兰·R. H. 贝克《地理学与历史学——跨越楚河汉界》，阚维民译，商务印书馆2008年版，第146页。
② 付成双：《美国生态中心主义观念的形成及其影响》，《世界历史》2013年第1期。

的海登探险。

1870 冬天，沃什伯恩探险队的重要成员纳赛尼尔·兰福德 (Nathaniel P. Langford) 在华盛顿林肯纪念堂举行了第一次黄石探险演讲，当时海登博士坐在观众席上，他是宾夕法尼亚大学杰出的地质学者，美国最为著名的地质勘探工程师之一。兰福德的演讲激发了海登对黄石地区的兴趣，一方面是他作为科学家内在的好奇心使然；另一方面他也渴望借助探险来提升他的声誉和他在勘探局的地位。海登的探险获得了国会的 4 万美元资助。海登博士的探险也属于"大调查"探险活动之列。"大调查"一词通常指 1866—1879 年间对西部地区进行的有目的的绘图和调查的探险活动。

与沃什伯恩探险不同的是，这次探险由科学家主导，主要任务是地质探勘。探险队返回之后，海登撰写了勘探报告，这份报告涉及地质学、矿物学、植物学等众多自然学科，黄石地区的地质状况、植物状况等都被写进了报告之中。海登的科学探险意义重大，黄石景观一经勘探、测量、核实、分类，其意义就容易被大众所理解；不仅如此，经科学家们宣传之后，该地区传奇般的壮观景色便迎合了城市化了的美国人的艺术品位和科学兴趣，成为内战后美国急需的一个新的国家文化标识。更令黄石声名大噪的是，海登勘探报告的科学分析与感性体会相得益彰，成为人人称颂的黄石游记范本，黄石地区神秘的荒野之美因而进入了更大的受众群体的视野之中。

海登报告还影响了外界对黄石地区的价值判断。海登在报告中断定，该地区是远古火山喷发形成的地貌，地形崎岖且土质贫乏，故不适合放牧，也无法从事农业；未能发现任何有价值的矿产；木材外形古怪，且品质不佳。因此，在海登看来，其唯一的价值就是提供人们娱乐和开展科学研究。后来在关于《黄石公园法》的立法辩论中，佛蒙特参议员乔治·埃德蒙茨 (George Edmunds) 强有力表达了创建国家公园的前提条件，他认为，黄石地区从实用主义角度来看是"无价值的"，只有在此创建国家公园才具有真正价值。事实上，早在1864年约塞美蒂山谷和加州4平方英里的红杉林的授权州一级保护中就已经有了所保存区域"是否有价值"的争论。但是，只有海登作为科学家的"无价值"言论在黄石地区保存中发挥了重要作用。为进一步加强对黄石地区的勘察，海登于1872年、1877年、1878年又受美国地质勘探和地理勘探局的派遣对黄石地区分别进行了三次探险。

海登探险报告成为国家公园支持者在国会进行游说的重要文本依据。很快，在国会内外形成了一股主张创建国家公园的力量，兰福德、海登、沃什伯恩探险队员科尼利厄斯·赫奇斯（Cornelius Hedges）、马萨诸塞州众议员兼国会拨款委员会主席亨利·戴维斯（Henry L. Daves）、堪萨斯州参议员兼国会公共土地委员会主席萨缪尔·帕默罗伊（Samuel C. Pomeroy）、伊利诺伊州参议员莱曼·特朗布尔（Lyman Trumbull）等人对黄石公园提案的形成或通过起到了至关重要的作用。[1] 1872年3月1日，美国总统尤里西斯·格兰特正式签署《黄石公园法》，黄石国家公园宣告成立。

二　《黄石公园法》的解读

《黄石公园法》具有重要意义，标志着美国联邦环境法的开端。[2]《黄石公园法》规定在黄石地区设立国家公园，禁止人类在此定居，禁止在黄石国家公园内进行毁坏或破坏国家公园的所有砍伐、采矿等行为，并对捕获鱼类和狩猎动物作出明确规定；该法授权内政部直接管辖黄石国家公园。《黄石公园法》成为后来国家公

---

[1]　高科：《美国西部探险与黄石国家公园的创建》，《史林》2016年第1期。
[2]　徐再荣：《20世纪美国环保运动与环境政策研究》，中国社会科学出版社2013年版，第96页。

园创建的范本。

　　然而，《黄石公园法》自身存在的缺陷也为未来的管理留下了隐患。首先，从创建过程来看，北太平洋铁路在其中发挥了重要作用。在1869年的探险中，兰福德就得到北太平洋铁路金融家杰伊·库克（Jay Cook）的支持。托马斯·莫兰（Thomas Moran）是著名的哈德逊派画家，他之所以能跟随海登探险队参加1871年的黄石地区探险，是因为获得了北太平洋铁路500美元的资金资助。1872年6月，他完成著名的画作《黄石大峡谷》，宣传了黄石地区的壮美风景。尽管北太平洋铁路资助的目的有争议，但自1883年北太平洋铁路通车至黄石公园，一直到20世纪初，在长达几十年时间内，它垄断着黄石公园连接外部的交通，并通过特许权经营制度垄断着黄石公园的经营业务，大力发展旅游业，却是事实。这背离了黄石国家公园"保存荒野"的初创目的，并为未来的管理带来了很大的争议。

　　其次，《黄石公园法》一方面强调保护，"在自然环境下"保存"所有的木材、矿床、自然奇观"①，但是对此又没有明确的解释，以至不同群体对法案有不同的解读。另一方面法案又突出保护的目的是"为了人民的利益和享受"。这就构成了"保护"与"利用"在国家公园中的矛盾存在，使得黄石公园一直面临着来自不同利益集团的"利用"诉求。于是，在利用的同时，如何保护黄石公园也成为管理者面对的棘手问题。

　　另外，该法虽然规定黄石公园的管辖权归属内政部，但实际上黄石公园的管理处于无人负责的状态。内政部于1849年成立，是主要负责管理国家内部事务的机构。该部合并了综合土地办公室、专利局、印第安人事务局、军人养老金保障局的职能，并进一步扩

---

① Roderick Frazier Nash, *Wilderness and the American Mind*, London：Yale University Press, 2001, p. 113.

大到包括人口普查、领地管理、西部公共土地开发、特区监狱管理和灌溉系统管理等职能。内政部所管辖事务繁多，无暇顾及黄石公园的管理，只是派出少数管理人员具体负责黄石公园的管理。近9000平方千米的区域寥寥数人怎么能实现管理呢？显然人员严重不够，加上长期以来管理资金短缺，因而，黄石公园成立早期就遭遇管理不善的窘境，使得黄石公园在创建后相当长的一段时间内生态环境并没有得到合理保护。

第三节　黄石国家公园早期野生动物的命运及影响

一　野生动物遭到野蛮屠杀

美国内战后的十五年，正是美国工业化发展较快时期，加工工业也迅速崛起。制革技术的改进催生了美国国内外对野生动物兽皮的巨大市场需求，加速了人们对西部野生动物的屠杀。不仅大量野牛被屠杀，而且许多其他野生动物事实上灭绝了。兽皮猎手效率极高，他们能在短时间内杀死并剥皮数千头动物。[①]

菲利特斯·诺里斯（Philetus Norris）于1877年担任黄石公园管理主任，早在1875年他访问公园时，被野生动物的遭遇所震惊："博特勒兄弟们使我确信，1875年春天，他们在黄石岔口（指公园东北部的拉玛河山谷）得到了2000张麋鹿皮，另外还有许多其他兽皮；其他猎手至少也猎取了这么多。"对此，他既感到痛心，又期望人们认识到这种行为的破坏性，"在伟大国家的黄石公园里，屠杀漂亮的、有价值的动物是荒唐的、不明智的、非法的，人们将会认识到这个观念的正确性"[②]。

---

① 参阅 Tom McHugh, *The Time of the Buffalo*, New York: Alfred A. Knopf, 1972.

② Paul Schullery, *Seaching for Yellowstone: Ecology and Wonder in the Last Wildness*, Helena: Montana Historical Society Press, 2004, p. 72.

同年，威廉·E. 斯特朗（William E. Strong）将军带领一大队军队高官游览猛犸热喷泉。对野生动物遭到屠杀的情况，他也有类似的记录。

> 一匹麋鹿皮价值6—8美元。据说，当公园被厚厚的积雪覆盖时，动物们就会受困于积雪，此时猎手们一天可以射杀25—50头这些高贵的动物。仅仅去年冬天猛犸喷泉盆地就有4000头麋鹿被职业猎手杀死。它们的腐尸和蹄子在每一座山脚下，每一个山谷中随处可见。山羊和鹿也逃脱不了同样被屠杀的命运。屠杀从1871年一直持续，现在从艾丽斯（Ellis）到黄石湖这段常规路段已很难见到麋鹿、鹿、山羊了。①

根据这两个人的记录推断，1874—1875年间的冬天和春天公园中就有8000头麋鹿被杀死。

这一年夏天，乔治·博德·格林内尔跟随上尉威廉·拉德洛（William Ludlow）率领的军队勘察队参观了公园。格林内尔称："据估计，1874—1875年冬季，猎手们在热喷泉和特雷尔溪流口之间的山谷中杀死了不少于3000头麋鹿，以猎取毛皮。"② 特雷尔溪流在距离40多英里处汇入黄石河下游，故而他记录的麋鹿屠杀地点与斯特朗不一样。准确的数字实在无法获知，但这些记录足以证明麋鹿被杀死的数量之多。

1541年，探险家科罗纳多（Coronado）进入北美大草原的时候，野牛活动足迹遍及整个美洲大陆。据估计，1800年前，从阿巴拉契亚山脉到内华达的大盆地，从墨西哥湾到大奴湖的北美2/3的

---

① William E. Strong, *A Trip to the Yellowstone National Park in July, August, and September, 1875*, ed. Richard Bartlett, Norman: University of Oklahoma Press, 1968, p. 104.

② Paul Schullery, *Seaching for Yellowstone: Ecology and Wonder in the Last Wildness*, Helena: Montana Historical Society Press, 2004, p. 72.

地区，自由自在漫游着 1200 万头以上美洲野牛。从 1867 年堪萨斯太平洋铁路修建到野牛活动的中心地带时，捕杀野牛开始大肆兴起，1872 年前后，捕杀形成高潮，每年杀死两三百万头野牛。到 1885 年整个西部几乎找不到野牛了。19 世纪末，美国境内仅有位于蒙大拿州的国家保护区以及黄石公园还有少数的野牛生存，总数大约 100 多头。①

为什么会出现如此大规模的屠杀呢？黄石国家公园本应该承担起保护野生动物的职责，为何它在成立早期却没有履行好这一职责呢？探寻历史，我们会发现这既是野生动物被屠杀的时代悲剧，又是公园创建之初狩猎传统和软弱管理造就的。

第一，这是时代悲剧。自殖民时代始，美国人形成了绝对人类中心主义的自然观，认为自然资源是取之不尽、用之不竭的。在这种思想指导下，美国人对自然展开掠夺式开发。南北战争结束后，西部大开发进程加快。在经济发展和西部开发中，资源浪费巨大，环境破坏严重。以森林破坏和水土流失为例，20 世纪初，美国原始森林面积已由 8 亿英亩减至不足 2 亿英亩，由此带来严重的水土流失。到 19 世纪末，已有 1 亿英亩的土地因水土严重流失而毁坏废弃，2 亿英亩土地水土流失严重。② 绝对人类中心主义的自然观和对发展经济的盲目追求是造成这一时代悲剧的两大原因。

这一时代悲剧也体现在野生动物的悲惨遭遇上。此时，部分野生动物伴随着加工工业的兴起也惨遭厄运。例如，野牛皮制革业的兴起和无节制发展导致了野牛的濒临灭绝。据估计，1872—1874 年，运往圣菲—堪萨斯太平洋铁路的牛皮是 1378359 张，而由于剥皮速度远低于猎杀的速度，估计每获得 1 张牛皮要 5 头牛的代价。

---

① ［美］理查德·福特斯：《美国国家公园》，大陆桥翻译社译，中国轻工业出版社 2003 年版，第 65—67 页。

② ［美］塞缪尔·埃利奥特·莫里森等：《美利坚共和国的成长》下卷，南开大学历史系美国史研究室译，天津人民出版社 1991 年版，第 401 页。

1872—1874 年被白人猎杀的野牛达 3158730 头。① 疯狂的猎杀使得野牛的数量迅速减少，几近灭绝。

狼也难逃厄运，在白人到来之前，美国的狼达 200 多万头，但 1908 年，狼的数量减少到 20 万头，1929 年联邦食肉动物控制办公室的报告甚至没有提到这个物种。狼的濒临灭绝与 1905 年成立的生物调查局直接相关，该机构隶属农业部。长期以来，在美国人观念中，狼是一种"不道德"的动物。同时，在畜牧联合会，特别是那些西部的牧羊人看来，狼和郊狼会威胁他们的羊群，因而他们对狼和郊狼充满了仇恨。在这些因素作用下，1915 年生物调查局发动了一场打击狼的"超级战争"，为此，他们一支训练有素的灭狼队伍，国会还拨款 125000 美元。② 在灭狼队伍的无情打击下，西部的狼，包括黄石国家公园里的狼被无情地推向了灭绝的境地。

美国动物保护专家威廉·霍纳戴指出，人们的无知使美洲失去了对人类最有用的 95% 的鸟类和哺乳类动物。③ 在这种大的时代背景下，黄石国家公园的野生动物也摆脱不了被屠杀的悲惨命运。

第二，美国西部的狩猎传统。19 世纪 70 年代，不管是运动型狩猎还是维持生活型狩猎，在黄石国家公园中都是合法的。当时，服务设施很不完善，游客要么自己随身携带食品，要么沿路猎取食物。1872 年的《黄石公园法》"反对公园内肆无忌惮地毁灭鱼类和猎物，反对商业型或获取利润型的捕获或者毁灭动物的行为"。然而"肆无忌惮地毁灭"措辞显得模糊，没有框定一个标准。事实上，以一个优秀的猎手或者维持猎手生活的标准来衡量，这一时期

---

① 徐再荣：《20 世纪美国环保运动与环境政策研究》，中国社会科学出版社 2013 年版，第 34 页。

② ［美］唐纳德·沃斯特：《自然的经济体系：生态思想史》，侯文蕙译，商务印书馆 1999 年版，第 311 页。

③ 徐再荣：《20 世纪美国环保运动与环境政策研究》，中国社会科学出版社 2013 年版，第 34 页。

猎手们射杀的猎物是过量的。① 并且运动型猎手普遍持有免费猎杀猎物的心态，这一心态增加了猎手们对猎物的射杀。

第三，黄石公园管理的软弱无力。1872年黄石国家公园创建后，参加1870年黄石探险的兰福德出任黄石公园管理主任，国会没有任何资金资助，甚至兰福德本人也没有薪水。在任期内，他仅仅去了两趟公园，根本不可能真正去管理公园。随后几任管理主任任内，情况也无根本改变。1877年，诺里斯出任黄石公园管理主任。他试图改变保护公园的无力现状，上任初始，他便颁布禁止市场化捕猎的新禁令，同时雇请助手巡察公园，这些人很快被当地人称为"兔子捕快"，但情况并无根本好转。

到1880年，市场化狩猎大量减少。其原因在于：公园显示出有利于地方经济的迹象；周边的州制定了自己的狩猎法，对狩猎进行了不同形式的限制；动物科学的发展也推进了大众对野生动物的理解，公众对市场化狩猎的厌恶感与日俱增；制革业逐渐衰落，毛皮市场发生了变化。

1883年1月15日，在密苏里州参议员乔治·格拉汉姆·韦斯特（George Graham Vest）的施压下，内政部长泰勒（H. M. Teller）致信给黄石公园管理主任帕特里克·康格（Patrick Conger），要求禁止公园中运动型和维持生计型狩猎。但是，这封信表达出对有蹄动物的偏爱以及对肉食动物的偏见。在信中，泰勒提到禁止狩猎的动物包括野牛、麋鹿、黑尾或白尾鹿、山羊、羚羊、海狸等等，这些动物有明显的商业价值。另外，他还列举了一些鸟类，但狼、郊狼、山狮等肉食动物只字未提。这使得屠杀肉食动物的传统做法得以保留。

内政部的态度转变对黄石公园的野生动物管理产生了两大变

① Paul Schullery, *Seaching for Yellowstone: Ecology and Wonder in the Last Wildness*, Helena: Montana Historical Society Press, 2004, p. 74.

化，并影响了之后数十年的公园发展。1883 年之后，公园中的麋鹿、野牛、熊等野生动物不再仅仅是午餐桌上的肉或猎手枪下的目标了，而迅速转变为公园游客娱乐中的重要角色。黄石公园也适应了野生动物这一角色的转换，充分开发大型哺乳动物的非消耗性利用。

不过，"控制食肉动物政策"在 1883 年加强了，所谓"控制"就是灭绝。为此，1891 内政部长诺布（Noble）还为黄石公园指派了一名食肉动物猎手。对食肉动物的"控制"，究其原因主要有三点：第一，食肉动物会捕食其他有益动物。这些有益动物或是能够提供人类狩猎之需，或是可以为人们提供娱乐，符合人类利益的动物，主要指有蹄动物。杰拉德·怀特就特别指出，保护有蹄动物是控制食肉动物最重要的动机。① 第二，食肉动物会糟蹋庄稼和伤害畜牧动物。这损害了农民和畜牧业主的利益，尤其是损害了畜牧业主的利益，因而控制食肉动物得到了畜牧业主强有力的支持。第三，与人们对食肉动物的观念有着直接联系。詹姆斯·皮克（James Peek）引用生物学家维尔纳·内格尔（Werner Negel）的话来说明，食肉动物如同一种生物，这种生物驱使你去击败它，然后获得于己有利的生物。② 托马斯·邓拉普（Thomas Dunlap）认为，食肉动物在 19 世纪可能引起了比之前更严重的厌恶感。在他看来，这种厌恶感可能与崇尚生存斗争的达尔文主义有关，因为当时一些人敌视达尔文主义，他们把食肉动物视为达尔文主义的幽灵；也可能与人们对工业化的美国充满了阴暗面的不适应感有关。③ 历史学

---

① R. Gerald Wright, *Wildlife Research and Management in the National Parks*, Urbana and Chicago：University of Illinois Press, p. 62.

② James Peek, *Review of Wildlife Management*, Englewood Cliffs, N. J.：Prentice Hall, 1986, p. 224.

③ Thomas R. Dunlap, *Saving America's Wildlife*：*Ecology and the American Mind*, 1850—1990, Princeton：Princeton University Press, 1988, p. 16.

家舒勒里认为，这也许与白人征服大陆中的民族骄傲意识有关，即食肉动物与北美土著印第安人一样，从坏的方面看，它们是白人社会的威胁；从好的方面看，也是讨厌的东西。①

事实上，整个 19 世纪持续发生着对野生动物的屠杀，尤为严重的时期是在内战后，并且屠杀还一直延续到 20 世纪初。

二　生态链的断裂

从自然景观的角度看，黄石公园在美国本土 48 个州是独特的，独特之处有两点：一是它的地理风貌不寻常，特别是它的热液和黄石大峡谷；二是它的野生动物。黄石公园拥有自更新世（约 11000 年前）以来就一直存在的原始型的大型食肉动物和大型被捕食动物。人类的行为损害了这种独特性，屠杀所造成的影响非常大，就时间跨度而言，今天我们仍然生活在屠杀的后果中，甚至有些后果直到现在人们才意识到。

在一个相对独立的生态系统中，各要素之间相互影响、相互作用，维持着系统的动态稳定。如果一旦某个要素，特别是关键性要素出现重大变化时，系统的稳定就难以持续。生态学常识告诉我们，生态环境一旦遭到扰乱就难以自动回复到原初状态。在黄石地区，食肉动物、食草动物、植物、气候、自然火、微生物，还有土著居民等要素共同构成了一个相对独立的生态系统，各要素之间相互影响、相互作用。印第安人在系统中处于主动位置，在迁徙流动中利用自然，满足于维持自身的生存，保持着与环境相对和谐的关系。在 19 世纪 50 年代之前，黄石生态系统保持着相对的稳定。然而，大约 19 世纪 80 年代处于系统中重要角色野牛几近灭绝，系统的稳定被破坏了。

---

① Paul Schullery, *Searching For Yellowstone: The Ecology and Wonder in the Last Wilderness*, Helena: Montana Historical Society Press, 2004, p. 81.

不仅野牛几近灭绝，而且狼也几乎遭到灭绝。一般认为，狼灭绝的时间是 1924 年。舒勒里并不赞同这种观点，他认为狼灭绝时间是 1880 年，而从 1900 年代早期开始由联邦政府在公共土地上实施的灭狼行动不过是清理黄石公园余下的狼而已。[①] 舒勒里还统计了 1872—1935 年间黄石公园被杀死的狼的数量，为 163 头。[②] 这一观点与诺里斯的观察不谋而合。早在 1880 年，诺里斯也发现，狼差不多灭绝了，山狮数量也急剧下降。[③]

在黄石公园中，主要有灰狼和土狼。灰狼体形较大，腿稍长，脸比较方且耳朵较小，毛色以黄褐色为多。体重一般 40 多公斤，连同 0.4 米长的尾巴在内，身长平均 1.54 米，肩高有 1 米左右。灰狼是群居动物，觅食也是成群捕食。土狼介于狼与狗之间，体形略小，腿也较短，毛色为灰褐色。黄石公园的土狼食谱 75% 以上由野兔和老鼠组成，一般很少捕杀大型动物。捕杀野牛和麋鹿主要是灰狼。

狼是食肉动物，夏季偶尔吃点青草、嫩芽或浆果。在黄石公园中，狼捕食的猎物主要是老幼病残。公园研究表明，冬季遭狼伤害的鹿中，有 58% 是 6 岁或年龄更大的鹿，而这个年龄组的鹿只占鹿的总数 10%。这些鹿正是应该被淘汰的部分，它们不仅丧失了繁殖能力，而且还会消耗更多的植物资源。消灭它们的生态意义在于强壮了鹿的种群并保护了鹿的食物资源，维持了生态系统内的自然平衡。进一步讲，狼捕食麋鹿剩下的骨头、皮肉等残渣剩屑，成为狐

---

① Paul Schullery and Lee H. Whittlesey, "The Documentary Record of Wolves and Related Wild-life Species in the Yellowstone National Park areas Prior to 1882". pp. 1 – 147. in J. D. varley and W. G. Brewster, eds., *Wolves for Yellowstone? A Report to the Unites States Congress*, Vol. 4, research and analysis. National Park Service, Yellowstone National Park, 1992.

② Paul Schullery, *The Bearsof Yellowstone*, Worland, Wyoming: High Plains Publishing Company, 1992, p. 21.

③ Philetus Norris, *Report on the Yellowstone National Park to the Secretary of the Interior*, Washington: U. S. Government Printing Office, 1880, p. 42.

狸、秃鹫、鹰、乌鸦等动物的重要食物来源。2000 年，威廉·里普尔（William J. Ripple）埃里克·拉森（Eric J. Larsen）两位科学家对 19 世纪早期黄石公园北部草场的狼、麋鹿、白杨三者关系进行了研究并得出结论：19 世纪早期之前再生白杨的上冠得到很好补充，狼可能发挥了作用。狼的捕食影响了麋鹿的数量和麋鹿的行为，包括吃草模式、觅食行为和整体迁徙模式等，从而影响营养级联而对白杨产生积极作用。到 20 世纪早期狼灭绝了，早生白杨上冠补充就不再发生了。① 次年，里普尔牵头再次发表论文对该问题进行阐述，研究时间是 20 世纪末，但结论是一样的。② 从上述科研结果来看，黄石生态系统中狼的灭绝无疑对麋鹿产生了重大影响，从而改变了这个生态系统的运行。

野牛在狼灭绝之前就惨遭人类毒手，几近灭绝。狼是野牛的天敌，当黄石公园在 20 世纪 20 年代开始保护野牛，实施拯救野牛计划的时候，野牛开始大量繁殖，其数量令公园管理方认为超过了草场的承载力。在狼没有灭绝之前，狼对野牛的捕食制约着野牛的数量。但失去狼对野牛的制约之后，野牛与草场生态的平衡就只有靠人工捕杀来维持。可是人工捕杀又往往会过量，这会引来伦理道德问题。人类的野生动物管理陷入了进退失据的困境。

三　格林内尔与 1894 年《雷希法》

面对黄石公园中的野生动物的被屠杀，黄石公园管理者采取了一些措施。1883 年，内政部长泰勒（Henry M. Teller）正式发布了一个在黄石公园禁止所有类型捕猎的禁令。但是，内政部长并没有

① William J. Ripple, Eric J. Larsen, "Historic Aspen Recruitment, Elk, and Wolves in Northern Yellowstone National Park, USA", *Biological Conservation* 95 (2000), 361–370.

② W. J. Ripple, E. J. Larsen, R. A. Renkin, and D. W. Smith, "Trophic Cascades among Wolves, elk and Aspen on Yellowstone National Park's Northern Range", *Biological Conservation* 102 (2001), 227–234.

授权对违法者进行惩罚。①

　　由于内政部管理不力，1886 年黄石公园管辖权从内政部转移到陆军部。② 军方颁布了"第五号命令"（Orders No. 5），"禁止捕猎或者诱捕，以及在公园一些区域限制使用枪支"③。但是，这个管制没有授权军方来证明偷猎者犯罪。军队对兽皮猎手形成威慑的手段仅仅是没收装备、驱除出公园。④

　　这一时期，与黄石公园毗邻的两个州也采取了一定的措施来保护麋鹿。1867 年怀俄明州还限制麋鹿销售；蒙大拿州土地局在 1872 年宣布麋鹿的禁猎期，同时该州还立法：对任何时候的兽皮捕猎将施以高达 250 美元的罚款。⑤ 但是这些措施并没有完全禁止狩猎，这给了那些兽皮捕猎者可乘之机。

　　面对联邦政府机构保护野生动物的软弱无力，一些有着良好科学素养，并从事过博物学研究的人，他们致力于黄石公园野生动物保护，其中影响最大的是乔治·博德·格林内尔（George Bird Grinnell）。格林内尔 1849 年出生于纽约市布鲁克林区，美国哺乳动物学家协会（the American Society of Mammalogists）创办人。1875 年，他以博物学者的身份参加了威廉·拉德洛（William Ludlow）上校领导的在黄石公园及其临近区域的勘测探险活动，在此期间，他结识了年轻的博物学者梅里安姆（Merriam）。梅里安姆在 16 岁时参

---

①　Haines, *The Yellowstone Story*, Vol. 2, p. 59.

②　Haines, *The Yellowstone Story*, Vol. 1, pp. 322 – 335.

③　Report of the Superintendent of Yellowstone National Park to the Secretary of the Interior, Washington DC: Government Printing Office, 1886, pp. 11 – 12, as cited in Haines, The Yellowstone Story, Vol. 2, p. 4.

④　Dale F. Lott, *American Bison: A Natural History*, Berkeley: University of California Press, 2002, p. 187.

⑤　Neal Blair, *The History of Wildlife Management in Wyoming*, Cheyenne: Wyoming Game & Fish Dept., 1987, pp. 18 – 20; Thomas W. Mussehl and F. W. Howell, *Game Management in Montana*, Helena: Montana Fish & Game Dept., 1971, p. 9; "The Big Game and the Park," *Forest and Stream* 20 (22 Feb. 1883), p. 68.

加了1872年的海登探险，对鸟类学有着深刻的理解。格林内尔撰写了黄石地区的博物学报告，重点涉及鸟类和哺乳动物，报告数据扎实，具有较高的价值。格林内尔记录了这次探险观察到的哺乳动物和鸟类，有些作了完整的注解。他制作了一份黄石公园的鸟类和哺乳动物专门名册，包括梅里安姆在1872年的观察所得和他本人的观察所得。这个名册共有33种哺乳动物和81种鸟类。

这份报告得到了动物学家的好评。然而，他所考虑的问题并非简单的科学问题，而是公园野生动物的大量屠杀问题。他给拉德洛上校致信表达了深深的忧虑。

> 此时大型猎物遭到大量屠杀引起您的关注并非不合时宜。在我们经过的蒙大拿州和怀俄明州地区，人们仅仅为了获得兽皮而肆意屠杀大型猎物。每年，野牛、麋鹿、北美黑尾鹿和羚羊被成千成千地屠杀，不管年龄，不论雌雄，不分季节……春天，正是雌性动物繁衍后代的时候，与其他季节一样被追逐杀戮。
>
> 据估计，1874—1875年间冬天，在路溪口与温泉之间的黄石山谷不少于3000只麋鹿遭到屠杀，只为了获得它们的兽皮。如果这是真实的，那么想象下两块同样区域里被屠杀的动物数量会有多少呢？相比麋鹿，羚羊接近麋鹿的情况，而野牛、北美黑尾鹿的情况甚至更严重……如果不采取一些措施阻止人们屠杀这些动物，在动物聚居地仍然丰富的一些大型猎物不久将会灭绝。[1]

这是他作为环保主义者生涯的重要开端。这种深深的忧虑成为

---

[1] Albert Kenrick Fisher, "In Memoriam: George Bird Grinnell Born September 20, 1849 – Died April 11, 1938", *The Auk*, Vol. 56, No. 1, Jan. 1939, pp. 1 – 12.

了他从事野生动物保护的精神依托，此后，他投入大量精力，利用个人影响力致力于野生动物的保护。

格林内尔在信中指责，麋鹿数量的下降，以弗雷德·博特勒（Fred Bottler）为典型的经验丰富的老猎手难辞其咎。据时任黄石公园管理主任菲利特斯·W. 诺里斯（Philetus W. Norris）估算，在1875 年春天，博特勒和他的两个兄弟在猛犸热泉周围屠杀了约2000 头麋鹿。诺里斯感到，这种"最美丽和最有价值的"动物被屠杀仅仅是为了获得它们的舌头和兽皮，以谋取利润，实为悲剧。[①]1874 年，猎手从每磅麋鹿皮中可以获利20—30 美分。据报道，每年有价值29000 美元的97609 磅兽皮从波兹曼船运到东部，显示了一个繁荣的市场，特别在野牛皮利润急剧下降的情况下。[②]

格林内尔弗把雷德·博特勒称为"猎物猪"（game hogs），他们残忍、唯利是图，他们没有节制的商业活动严重威胁了传统的狩猎运动。[③] 他自己也是一位猎人，传统的狩猎运动员们视狩猎为一种运动，能增进人的活力，锻炼人的意志。这些运动员推进大型猎物的保护以确保大型猎物的捕猎活动。他们把黄石公园视为猎物保存地，或者"大型猎物的喂养基地"，这将使狩猎运动员受益。[④]。格林内尔还敏锐地预见到了屠杀可能造成的野生动物灭绝

1886 年他建立了第一个鸟类保护组织"奥杜邦协会"（the Audubon Society），之后在很多州建立了协会组织，到1905 年成立了

---

① Philetus W. Norris, "Meanderings of a Mountaineer, or The Journals and Musings（or Storys）of a Rambler Over Prairie（or Mountain）and Plain",（unpubl. mss., Huntington Library, c. 1885）：33, as cited by Aubrey L. Haines, *The Yellowstone Story*, vol. 1, rev. ed., Niwot：University Press of Colorado, 1996, p. 205.

② "The Big Game and the Park"（letter written by "Angler" in Bozeman）, *Forest and Stream* 20（22 Feb. 1883）, p. 68.

③ John F. Reiger, ed., *The Passing of the Great West：Selected Papers of George Bird Grinnell*, Norman：University of Oklahoma Press, 1985, pp. 118 – 119.

④ "Game in the Great West," Forest and Stream, July 8, 1890.

全国协会。1887 年 12 月，格林内尔和时任纽约州议员的西奥多·罗斯福及其他人发起，成立了"布恩和克劳克特俱乐部"（the Boone and Crockett Club）。这是一个运动员俱乐部，其组织目标是，"致力于保护国家大型猎物，竭尽所能推动猎物保护的立法，协助现存相关保护法案的执行"。黄石公园是该俱乐部首要的关注对象①。

1876—1880 年间，格林内尔任职《森林与溪流》的博物学编辑。在此期间，他的工作地点在纽黑文的皮博迪博物馆。随后编辑部迁往纽约，他担任编辑部主任和出版公司总经理，一直干到1911年他卖掉这份杂志。他兼具博物学者和运动员双重身份，他尊重事实，善于通过细致的调研确保事实的准确性。在他的领导下，《森林与溪流》刊登的文章获得了与老牌科学杂志同样的认可。他在《森林与溪流》里写道，"公园的价值在于它是大型猎物的培育地，这能满足数百猎手的运动需求。"② 下面是 1878 年 4 月 11 日格林内尔写给梅里安姆的一封信，显示出他早期的努力：

　　我不明白，你的探险队成员为什么不愿在《森林与溪流》发表文章。理所当然地，我愿意给他们留出版面记录新的事实，迄今我认为博物学者的文章还不多。如果你浏览我们的报纸，你会看到贝尔德（Baird）、库兹（Coues）、吉尔（Gill）、艾伦（Allen）等人的作品。库兹在《西北地区的鸟》、《毛皮动物》等文中，大量引用我们的专栏文章。我对这份报纸有着

---

① John Reiger, *American Sportsmen and the Origins of Conservation*, New York: Winchester Press, 1975, p. 119.

② Paul Schullery, *Seaching for Yellowstone: Ecology and Wonder in the Last Wildness*, Helena: Montana Historical Society Press, 2004, p. 78.

很大兴致，我也付出精力来核实事实，渴望能提高它的科学
标准。①

　　担任编辑期间，格林内尔对黄石公园中的大型运动型猎物的被
屠杀表现出了深深忧虑，他敢于揭露黄石公园中的野生动物的被屠
杀悲剧，勇于批评管理当局的腐败和无能，他用词直接、犀利且大
胆。例如，1882 年的两篇报道，一篇对野生动物的被屠杀发出了深
深的悲叹，"漫步在我们广阔区域里的最高贵的动物被灭绝，这里
变成了恣意妄为和毁灭的屠宰场"，杂志指责软弱的法律造成了这
一结果。② 另一篇杂志对内政部的无能进行了指责，"公园里的皮毛
猎人泛滥，他们为了兽皮屠杀野生动物；政治的祸根已经渗入到自
然保存地的管理中，拨款几乎没有用来保护野生动物而浪费在无能
无知的官员身上……寄希望于内政部不可能了，腐败使得我们的政
府蒙羞"③。
　　影响最大的就是 1894 年格林内尔对库克城猎人豪威尔偷猎事
件的报道，这促成了《黄石公园保护法》的通过。这一年冬季，黄
石公园狩猎探险队（Game Expedition）开始他们西行之旅。这引起
了华盛顿和纽约地区人们对在黄石公园野生动物缺乏保护的指责。
事实上，偷猎事件在黄石公园一直发生着，而当时的公园管理者确
实对野生动物保护力度远远不够。埃德温·豪威尔（Edwin Howell）
是库克城的猎人，对他而言，野兽的皮、舌头、头的销售能给他带
来富裕的生活。1894 年寒冷冬季时节，豪威尔发现黄石公园有成群
的野牛，便一直露营在公园的一个小溪边，他猎取了 6 个猎物，将
其头颅悬挂在营地。3 月 13 日早晨他又携带着猎狗和枪支出发去搜

　　① Albert Kenrick Fisher, "In Memoriam: George Bird Grinnell Born September 20, 1849 - Died April 11, 1938", *The Auk*, Vol. 56, No. 1, Jan. 1939, pp. 1 - 12.
　　② "Big Game Destruction", *Forest and Stream* 18, May 11, 1882: 289.
　　③ "Their Last Refuge", *Forest and Stream* 19, Dec. 14, 1882: 382 - 83.

寻猎物，并再次猎杀了五头猎物，在猎狗的护卫下，他忙于割掉这些母兽的头颅。此时，两名战士在豪威尔的营地发现了猎物头颅，顺着偷猎者的足迹他们在鹈鹕山谷找到"犯罪现场"，并逮捕了豪威尔。[1]

对于豪威尔而言，被逮捕几乎没有什么沮丧的。他已经从非法捕猎中获得了2000美元，而他被没收的装备仅仅值26.5美元同时被驱除出公园。[2] 按照过去经验，这次逮捕所遭到的惩罚力度同样很小。格里内尔的焦虑就在于此，即面对公园内野生动物面临的捕猎或诱捕威胁，没有强有力的管制措施。事实上，早期游客还享受着特许权经营者提供的野味。[3] 当时，美国社会的野生动物观念还停留在把野生动物当成消耗性的自然资源的水平上，环保运动的主要任务是确保运动型动物的供给。显然这都不利于格林内尔表达他的意见。

于是他派出新闻记者爱默生·霍夫（Emerson Hough）前往西部，霍夫也是一位资源保护主义者。摄影师海恩斯（Frank J. Haynes）和向导霍弗（T. E. "Billy" Hofer）随行。在两位战士带着豪威尔前往黄石堡垒路途中，他们遇到了霍夫一行。于是霍夫立即访谈、拍照以记录犯罪事实。霍夫很快整理并编辑了事件发生的经过，发送给编辑。霍夫的新闻引起了国会的高度关注，特别是获得了参议员约翰·雷希（John F. Lacey）和乔治·格拉汉姆·维斯特（George Graham Vest）的高度关注。

《雷希法案》（The Lacey Act）在他们的努力下于5月7日得以

---

① Richard A. Bartlett, *Yellowstone: A Wilderness Besieged*, Tucson: University of Arizona Press, 1985, pp. 319–320.

② James B. Trefethen, *Crusade for Wildlife*, p. 40.

③ Paul Schullery and Lee H. Whittlesey, "Greater Yellowstone Carnivores: A History of Changing Attitudes," in *Carnivores in Ecosystems: The Yellowstone Experience*, ed. Tim W. Clark et al., 11–49, New Haven: Yale University Press, 1999, p. 23.

通过。法案以参议员约翰·雷希的名字命名，又称《黄石公园保护法》，法案旨在"保护黄石国家公园里的野生鸟类和野生动物，惩罚在公园里违法屠杀野生鸟类和野生动物的犯罪"。法案明令禁止在黄石国家公园中的所有狩猎、屠杀、伤害和抓捕行为。法案还明确了美国巡回法庭在保护黄石国家公园中的责任以及费用支出。当时，黄石公园由美国陆军部派出的一支不足 100 人的军队驻守，他们的驻守在黄石公园保护中起到了重要作用，但是如前所述，依然不能有效地制止偷猎行为。而这部法案没有也不可能对他们的职责作出具体规定，更没有对人员配置和经费来源作出规定，因此，该法案也不能从根本上改变公园无人负责的状况。

由于格林内尔对黄石公园保护作出的贡献，他被誉为"黄石公园最坚定、最机警的、最忠实的捍卫者之一"①。

本章小结

黄石地区拥有独特而壮美的景观、丰富而活跃的野生动物，因而成为美国也是世界上第一个"国家公园"。创建黄石国家公园的《黄石公园法》是美国联邦环境法的开端，后世建立国家公园的经典文本。创建国家公园的初衷是为了保护自然环境，但是黄石国家公园创建后，却因为联邦政府屠杀野生动物的政策、自身不完善的

---

① Haines, Aubrey L., *The Yellowstone Story: A History of our First National Park*, 2 Vols., *Yellowstone National Park*, WY: Yellowstone Library and Museum Association, in cooperation with Colorado Associated University Press, 1970, p. 204. 格林内尔还参与了在 20 世纪 20 年代抗议黄石湖筑坝运动，1925 年他接替赫勃特·胡佛（Herbert Hoover），担任国家公园协会会长一职。同年，他荣获"罗斯福纪念金奖"，总统在颁奖典礼上高度赞誉他所作出的杰出成就："你随卡斯特将军（General Custer）探险布拉克山，随拉德洛上校勘测黄石。……当你第一眼看到这些质朴的雄伟风景时，你就付出努力来保存这些如画的大片荒野区域，以确保下一代能欣赏它。在这方面，没有人能达到你的成就，没有人比你做得更多！在黄石公园，你阻止了开发，阻遏了美丽大自然的被破坏。……冰川国家公园也有你特别的丰碑！你三十五年的编辑生涯贡献给了户外活动，你的卓越工作使得生活在匆忙与烦忧时代的男男女女们愿意接触自然，并拥有了轻松与活力。"

管理等原因，使野生动物遭到了悲惨的命运，乃至一些大型野生动物在黄石国家公园内几近灭绝，这改变了整个黄石生态系统的自然运行。这一生态悲剧也促使联邦政府机构采取行动，但并没有取得显著效果。在这种情况下，具有良好博物学素养的格林内尔充分利用自己编辑的身份，发挥《森林与溪流》杂志的舆论影响力，进行跟踪报道，获得公众支持，促使国会通过了《雷希法》即《黄石公园保护法》，试图改变黄石公园内滥杀野生动物的现状。然而，他们的努力并没有根本改变黄石公园无人负责的状态，也没有彻底扭转野生动物在黄石公园内被屠杀的命运。

第二章

生态管理思想的初步形成
（20 世纪初至 30 年代上半期）

　　19 世纪末 20 世纪初，伴随着工业化的迅猛发展，城市化的大规模兴起，一系列社会问题随之而来，社会矛盾也日益尖锐。这引起了整个社会的关注，进步运动由此展开。在"进步运动"时期，人们关注的焦点在城市问题，但运动所传递的改革精神，对社会问题的关注，使得人们把关注的目光投向美利坚民族的象征性景观"国家公园"上。人们发现，包括黄石国家公园在内的国家公园并没有得到很好的保护。于是，在一批早期环保人士的努力下，国家公园管理局于 1916 年得以创建。到 20 世纪 20 年代，一批生态学家开始提出他们的生态思想，并成立野生动物专门管理机构，致力于黄石公园的保护。

　　本章拟对环保人士创建国家公园管理局的历史过程、生态保护思想形成的时代背景、生态思想的内涵以及生态学家们的具体行动进行阐述，并进一步探讨《国家公园管理局法》的影响、生态学家保护行动的结果和意义。

第一节　国家公园管理局的创建

一　国家公园管理局的创建过程

　　到 1900 年，除黄石公园以外，约塞美蒂、瑞尼尔山、美洲杉等国家公园纷纷创建。然而，如此之多的国家却没有一个统一的管理机构来管理公园事务，每一个公园都是一个独立单元。而且这些国家公园的保护显得特别的薄弱，国会拨款几乎没有，1894 年的保护法案依然显得无能为力。面对肆无忌惮的偷猎者，公园管理人员能做的仍然只是驱离他们出公园。有一次，黄石公园管理主任担忧野牛和麋鹿的灭绝，于是没收了一队臭名昭著的猎手的武器装备，然而，地方检察官判决这一行为没有根据，并判令归还枪支。① 由于国家公园，特别是公园内的野生动物得不到有效保护，1886 年内政部转而求助国防部长。当年夏天，一支美国骑兵进驻黄石公园，开始履行保护黄石公园的职责，这种指责一直持续到 1918 年。

1906 年《梅塞维得国家公园法》和《古迹法》两部法案的通过表明国家公园的保护由荒野价值扩大到了历史遗迹。美国西南部散落着数千个崖居和普韦布洛村落遗址，它们记录着哥伦布大发现前印第安人创造的灿烂文化。1900 年，进入四角区域②的早期定居者很快发现印第安人的手工艺品有着卓越的市场价值。为保护这些遗产，1906 年立法创建梅萨维德国家公园（Mesa Verde National Park），位于科罗拉多州西南部。约翰·雷希（John Lacey）是白宫公共土地委员会主席，也是一位杰出的资源保护主义者。由他发起的旨在保护古迹的《古迹法》（The Antiquities Act）在 1906 年获得通过。这是公园历史上最有意义的立法之一。③ 这一法案促进了对洞穴、要塞、峡谷、战场、冰川、著名人士的诞生地等地区（统称为国家遗址）的保护。西奥多·罗斯福也是著名的自然资源保护主义者，他在总统任期内，建立了美国历史上首批 18 个国家遗址。

---

① William C. Everhart, *The National Park Service*, New York：Praeger Publishers, 1972, p. 11.

② 指犹他州、亚利桑那州、新墨西哥州和科罗拉多州四个地区的交界处。

③ William C. Everhart, *The National Park Service*, New York：Praeger Publishers, 1972, p. 12.

然而，仍然没有一个强有力的联邦机构来统一管理这些遗址。

此时，美国陆军部控制黄石、红杉、约塞美蒂等几个国家公园。另外八个国家公园，包括瑞尼尔山、火山湖、梅萨维德、冰川等在内政部的直接管辖之下。他们实施的国家公园政策是"无效率的""无计划的日常管理"，"缺乏建设性"。

在时任美国总统西奥多·罗斯福、美国林业局局长吉福德·平肖（Gifford Pinchot）等人的领导下，资源保护主义者在进步主义时代的权势和影响力牢牢占据着社会主流的环境保护思想。他们颂扬科学效率和技术进步，赞同对土地、森林等自然资源进行合理规划以满足多重需求，提出对木材、草地、灌溉地、矿产沉积点、水利进行充分而有效的利用。当时的林业局、垦务局等联邦机构奉行资源保护主义思想，林业局一直注重对土地的开发利用。为避免被林业局开发利用，这一时期建立的国家公园在立法时总是强调土地的"无用性"。然而，1910 年创建冰川国家公园时，在林业局和垦务局的压力下，国会修改了《冰川国家公园法》（The Glacier National Park Bill），明确表示：如果这里有用或者能带来利润的话，将允许开矿、定居、垦荒和发展林业生产。1915 年的《落基山国家公园法》（The Rocky Mountain National Park Bill）也明确表示，如有必要，将允许铁路、探矿者和垦荒者进入公园。[①] 资源保护主义者不断增长的力量正日益威胁着国家公园的发展，他们的指导思想完全背离了国家公园创建的宗旨，这令自然保护主义者感到了深深的不安。

在这种背景下，美国公民协会（the American Civic Association）负责人麦克法兰（J. Horace McFarland）发起了一项"国家公园游说"运动，旨在创建国家公园管理机构。1908 年罗斯福召集了主

---

① Lynn Ross-Bryant. *Pilgrimage to the National Parks：Religion and Nature in the United States*, New York：Routledge，2013，p. 119.

题为资源保护的白宫会议，与会者包括几乎所有的内阁成员、最高法院法官、七十多个社会组织领导人以及三十四名州长。在这次重要会议上，麦克法兰与平肖这两派的支持者展开了辩论，麦克法兰呼吁，"为了一个更美丽的美国，现在让我们坚定而坦诚地并肩战斗"①。随后，他几乎以一己之力说服总统威廉·霍华德·塔夫特(William Howard Taft) 和内务部长理查德·巴林杰(Richard A. Ballinger) 支持建立国家公园管理机构。巴林杰的继任者沃尔特·L. 费舍尔(Walter L. Fisher) 和弗兰克林·K. 雷恩(Franklin K. Lane) 也支持国会创立国家公园管理局。然而，资源保护主义者指控麦克法兰、缪尔等人"情绪化的胡说"对资源的利用造成了可怕的障碍。② 一批国会议员一再搁置建立国家公园管理机构的议案，林业局也加入他们的行列之中。

20 世纪初，赫奇赫奇山谷筑坝兴建水库的提议及其争论正如火如荼，自然保护主义者与资源保护主义者围绕着赫奇赫奇筑坝兴建水库问题展开了激烈的斗争。自然保护主义者认为在山谷兴建水库将直接威胁到约塞米蒂国家公园的环境，而资源保护主义者认为这个担忧是多余的，水库的兴建有利于公共利益。双方围绕着该问题在国会进行了长达几年的辩论，1913 年 12 月 19 日，时任美国总统威尔逊签署了赫奇赫奇兴建水库的法令，自然保护主义者在这场保护斗争中失利。然而，赫奇赫奇争论锻炼了自然保护主义者，通过争论，他们进一步阐发了荒野保护思想，也总结了不少政治斗争的经验，积累了有效的斗争策略，特别是他们学会了唤起公众舆论的斗争策略。正如约翰·缪尔所言，"整个国家的良知从沉睡中醒

---

① William C. Everhart, *The National Park Service*, New York: Praeger Publishers, 1972, p. 14.

② Donald C. Swain, "The Passage of the National Park Service Act of 1916", *The Wisconsin Magazine of History*, Vol. 50, No. 1, Autumn 1966, pp. 4 – 17.

悟了"①。赫奇赫奇水库的兴建刺激了自然保护主义者，反而促使他们加快了建立国家公园管理机构的步伐。②

1913 年，雷恩把国家公园监管级别提升到副部长级别，由内政部副部长阿道夫·米勒（Adolph C. Miller）掌管公园。两年后，雷恩任命斯蒂芬·T. 马瑟（Stephen T. Mather）管理国家公园。对于这一任命，历史学家约翰·伊赛给予了很高的评价，"雷恩以这种方式对美丽自然的保护作出了最大的贡献"③。马瑟精力旺盛，性格外向，热爱爬山运动，是塞拉俱乐部的成员，该俱乐部是由著名的自然保护主义者约翰·缪尔创建的。在进入内务部任职前，马瑟是芝加哥富有的硼砂制造商。对于马瑟的任职，自然保护主义者表达了支持，伊诺思·A. 米尔斯（Enos A. Mills）是落基山脉风景保护的坚定拥护者，他认为，"马瑟的任命合乎时宜的"，将给公园"带来迄今为止从未有的强有力的、能引起共鸣的、建设性的管理"④。

为了推进这一事业的发展，马瑟聘用贺拉斯·奥尔布赖特（Horace M. Albright）作为自己的助手。奥尔布赖特出生于加州风景优美的欧文思河谷（Owens Valley）地区，此地距离红杉、约塞米蒂国家公园几英里远。1913 年他 20 岁出头，应内政部长米勒之邀，成为内务部成员。在内务部工作期间，他逐渐接触了大部分联邦资源管理机构，结识了内务部各机构的头头。1915 年，他打算辞职。马瑟赏识他的杰出组织才干和忠诚的品质，挽留他，希望他能

---

① ［美］罗德里克·弗雷泽·纳什：《荒野与美国思想》，侯文蕙、侯钧译，中国环境科学出版社 2012 年版，第 163 页。

② 胡群英：《资源保护和自然保护的首度交锋——20 世纪初美国赫奇赫奇争论及其影响》，《世界历史》2006 年第 3 期。

③ John Ise, *Our National Park Policy: A Critical History*, Baltimore: The Johns Hopkins Press, 1961, pp. 187 – 188.

④ Enos A. Mills, "Warden of the Nation's Mountain Scenery", in *Review of Reviews*, LI: 428, April, 1915.

为"国家公园的事业"再工作几个月,并承诺允许他一年后再辞职。奥尔布赖特答应了马瑟的请求。在奥尔布赖特全力协助下,马瑟争取建立国家公园管理机构的工作得以有序开展。

首先是强大的旅游度假宣传。欧洲的大战使得美国人前往欧洲旅游风险增大,乐于前往欧洲旅游的美国人也越来越少;铁路公司发起的"先睹美国"为爱国主题的强大广告宣传运动,宣传了西部包括国家公园的壮丽风景。马瑟敏锐地发现,这是个扩大国家公园影响力的很好时机。他自掏腰包5000美元给亚德(Robert Sterling Yard),聘任亚德开展宣传。亚德曾经担任过《纽约太阳报》(*New York Sun*)、《世纪杂志》、《星期六纽约先锋报》(*Sunday New York Herald*)、《纽约时报》等媒体的编辑,具有丰富的宣传经验。马瑟认为,只有让更多的美国人前来国家公园度假旅游,他们才会支持保护国家公园。

马瑟另一项重要活动就是结识与公园有关的各类人,并鼓吹旅游的经济价值。为此,自1915年3月起,马瑟组织了很多游说活动。当月在伯克利召集会议,与会人员包括大部分公园特许经营者、公园风景工程师、国会议员、汽车俱乐部代表、铁路代表、塞拉俱乐部成员。会议期间还安排与会人员参观了旧金山举办的巴拿马太平洋博览会。他们被博览会上展示的机械模拟的黄石公园的老忠实间歇泉(Old Faithful)所叹服。

与此同时,马瑟派出的华盛顿小分队返回到东部,一路经过盐湖城、丹佛、芝加哥等地,他们接触"州长、市长、各类组织的领袖、山地俱乐部官员"等,鼓吹"旅游生意对经济的重要性"。马瑟成了这个"最大国家游乐场"的生意人。马瑟巧妙的宣传使得一批有影响力的人开始关注国家公园,他们认为美国西部壮丽风景需要由专门机构来保护。

1916年8月国会开始讨论国家公园机构法,此时,参议员里德·斯穆特（Reed Smoot）抛出了一个在国家公园中授权放牧的法令《肯特法》（Kent Bill）。面对严峻形势，奥尔布赖特把游说的主要对象放在参众两院会议委员会的主席斯科特·费里斯（Scott Ferris）和亨利·迈耶斯（Henry L. Myers）身上，并成功说服两人全力支持法案的通过。他还成功说服参与人员把法案迅速递交给白宫。

1916 年 8 月 15 日，参议院通过了《国家公园管理局法》（The National Park Service Act），又称《国家公园机构法》，25 日总统威尔逊签署该法案。这部法案是美国环境保护史上的标志性法规之一①。它宣布了保护和管理国家公园的专门性联邦保护机构诞生了，改变了过去国家公园"懒散管理"的状态；同时，它的诞生标志着自然保护主义者拥有了一支有效率的、有组织的保护力量。当时它管辖的国家公园有 13 个，国家遗迹有 18 个，共 31 块保护地。

二　《国家公园管理局法》的内容及其影响

《国家公园管理局法》的制定实施，从体制上对美国的国家公园管理作了重新调整，改变了过去事实上无人负责的局面。此后，美国的国家公园管理逐步走上制度化、法制化轨道。随着国家公园体系的不断扩大，保护面积也持续增加，这对于美国的自然环境的保护发挥了重要作用。

《国家公园管理局法》内容简短，共四项条款，可以从以下几个方面进行分析和解读。

首先，在《黄石公园法》的基础上进一步明确了国家公园的公益性和国家主导性。《黄石公园法》强调保存黄石地区是"为了人民的利益和愉悦"②，《国家公园管理局法》明确指出"保存其中的

---

① Donald C. Swain, "The Passage of the National Park Service Act of 1916", *The Wisconsin Magazine of History*, Vol. 50, No. 1, Autumn 1966, pp. 4 – 17.

② John Ise, Our *National Park Policy：A Critical History*, Baltimore：The Johns Hopkins Press, 1916, p. 17.

风景、自然和历史遗迹以及野生动物"是"为了未来一代的愉悦而使之免于损害"①。无疑，公益性是国家公园的基本特征，作为管理机构的国家公园管理局要确保这一点。国家公园以"国家"（National）命名，不应该归州一级机构管理，国家公园管理局隶属内政部体现了"国家主导性"这一特点。

其次，明确了管理体制，改变了国家公园过去事实上无人负责的局面。法案规定：国家公园管理局隶属内务部；内务部长任命国家公园管理局长、副局长，并规定了他们的薪酬；对于其他工作人员也予以明确人员分工和薪酬。每一个国家公园（包括黄石公园在内）管理人员由公园管理局派出，人数不多，也就几个人。但是，它们可以根据经费情况和工作需要雇请临时工作人员。此外，法案还特别赋予内政部长以特别的权力：可以在必要情况下利用制定规章制度来利用和管制这些公园、纪念馆和保存地。

再次，这部法案留下一些漏洞，给未来的管理埋下了隐患。法案文本中频繁更换"保存"和"保护"词语，反映出资源保护主义思想在法案中发挥着作用。威廉·C.艾弗哈特指出，自机构法通过的那一天起，"保存"和"利用"这两个要素或大或小卷入到每一项公园决策之中，并一直影响着公园的发展。他认为，这种现象的根源还是资源保护主义和自然保存主义之间的分歧②。

对于"保护"含义的理解，法案文本的文字表达就有歧义，这不利于公园的管理。例如，法案文本中提到"不受损害的"一词，由于其含义不明确，使得公园管理者在具体管理实践中往往把"不受损害的"与"没有获得开发的"等同起来。例如，公园的一些偏僻区域几乎无人进入，这往往被管理者认为该区域"不会受到损

---

① Public Law 235, *National Park Service Act Organic Act*, 64th Cong., August 25, 1916.

② William C. Everhart, *The National Park Service*, New York: Praeger Publishers, 1972, pp. 80 – 81.

害"或处于"原初状态"。事实上，偏僻区域即便少有人进入，也会因空气流动、河水流经带入污染源而遭到破坏。

最后，法案并没有认识到国家公园生态系统的微妙性与复杂性，对国家公园保护的复杂性也估计不足，这导致了两个不良影响。一方面，法案中明确提到管理局长可以在认为有必要时下令砍伐木材，也可以在损害公园利用的情况下下令屠杀动物。正如历史学家理查德·塞拉斯认为的，对野生动物和植物的操控不仅不被视为一种损害，反而被国家公园机构法合法化了。他进一步指出，国家公园对食肉动物的控制在 19 世纪 80 年代就已经开始执行了，国家公园管理局成立后仍继续执行，这对野生动物管理产生了深远影响[①]。另外，法案还授权给国家公园管理局，在认定不损害保护国家公园的首要目的的情况下，可以由管理局长授权在这些自然保护区内放牧，不过这一条不适用于黄石公园。

另一方面，由于立法者对国家公园的生态系统几乎一无所知，法案没有能够体现出生态思想，故在当时科学家也不被管理者所重视。国家公园管理局在成立之初配备了专家学者，一般包括 1 名博物学者、历史学者或考古学者，1 名风景建造师、建筑师或历史建筑师，1 名土木、机械、电气或卫生工程师。国家公园配备的工作人员一般是：管理主任，负责地区管理事物；护林员，或是博物学者、历史学者、建筑师，负责提供有关保护的专业知识和地区解说词；向导或者技术员 1 名，负责情报和解说活动；办公室主任，处理财务、人员、采购等事务；维护人员，承担建筑、道路、营地的清洁和修缮工作。由此看来，国家公园管理局成立早期的科学研究活动还没有获得应有的重视，科学家也很少被管理局聘用。

---

① Richard West Sellars, *Preserving Nature in the National Parks*, London：Yale University Press, 1997，p. 45.

三　国家公园管理局早期的管理文化

国家公园管理局成立后，内政部长弗兰克林·雷恩任命斯蒂芬·马瑟为管理局长、奥尔布赖特为副局长。这个时期，那些国家公园的拥护者和支持成立国家公园管理局的人们普遍希望吸引游客，促进国家公园旅游业的发展。国家公园里的特许经营者、铁路公司、汽车协会等利益集团能从旅游业的发展直接获利，景观建筑师宣称"经济性和审美性"是使国家公园存在具有合理性的唯一途径，而且两者携手并进。国家公园的倡导者也希望发展旅游业，促进政府越来越多地关注国家公园并推进国家公园的发展①。他们的想法恰好与马瑟的想法不谋而合，马瑟说，"最大多数人的最大利益总是国家公园管理局制定政策的最重要因素"②。马瑟的考虑是，向更多的人开放国家公园，提高国家公园受欢迎的程度，以此寻求公众的支持，获得国会的拨款，从而兴建与改善国家公园的各种设施，最终促进国家公园的发展。

在这种背景下，马瑟、奥尔布莱特、罗伯特·斯特林·亚德（Robert Sterling Yard）等人发起了一项兜售国家公园的"国家的生意"运动。

首先是对国家公园展开宣传。1917年，伊诺思·米尔斯（Enos Mills）受马瑟聘请，撰写了《你们的国家公园》（*Your National Park*）一文。文中功利主义的用词随处可见，如"风景工业""风景是最有价值的资源之一"等。作为这场运动的宣传家，亚德在1919年专门撰写了《国家公园的书》（*The Book of the National Parks*），浓墨重彩地介绍了各个国家公园的景观，强调了国家公园

---

① Lynn Ross-Bryant, *Pilgrimage to the National Parks：Religion and Nature in the United States*, New York：Routledge, 2013, p. 123.

② Richard West Sellars, "Manipulating Nature's Paradise：National Park Management under Stephen T. Mather, 1916—1929", *Western History*, 1993, 43（2）, pp. 2–13.

的娱乐性。海恩斯（Frank J. Hayens）是黄石公园指定的官方摄影师，他获得许可在公园里建立摄影馆。他拍摄的照片"遍及世界，大概没有一个机构在传播国家公园上能超过他了"①。由他出版的《海恩斯指南》从 20 世纪初开始发行，一直持续到 1966 年。《海恩斯指南》持续地宣传黄石公园风景，展示公园服务设施、游客舒适地享受娱乐活动场景，诸如游泳、跳舞和骑马等。《海恩斯指南》使得黄石国家公园不仅代表了一种荒野的体验，而且还是一个带有娱乐公园性质的旅游胜地。

其次，在国家公园中兴建游客设施。上喷泉盆地有著名的老忠实喷泉，是黄石公园访问率最高的景区，几乎每一个公园游客都会参观该景区②。国家公园管理局和特许权经营者在此兴建了很多设施，以迎合增长的游客。例如，黄石公园露营公司有两个集中露营区域，分别位于老忠实喷泉的正东面和南面，到 1940 年约有 400个露营点。这些乡村风格的房子 1—4 层，散布在狭窄的道路上。整个建筑群虽然不大，但似个西部乡镇。这些建设为游客提供了很大的方便，也使游客把一部分关注点转移到娱乐项目上。过去人们对公园的感受仅仅是独特的自然奇观，现在游客在舞池里、马背上以及喷泉澡池里获得娱乐的经历。盆地的文化特征在这一时期以典型的游客体验创造了一个市场化的变化。黄石湖口的钓鱼桥村同样兴建了大量游客设施，几乎成了一个娱乐小镇。

再次，组织护林员解说队伍，创建博物馆。1918 年 7 月，国会资助成立了一支护林员队伍，护林员们"超出了保护者的角色"，

---

① Judith Meyer. *The Spirit of Yellowstone：The Cultural Evolution of A National Park*, Lanham：Rowman& Littlefield, 1996, p. 50.

② Karl Byrand. From Fire to Fun, and Back Again：The Changing Cutural Landscape of Yellowstone's Upper Geyser. // Paul Schullery and Sarah Stevenson. People and Place：The Human Experience in Greater Yellowstone, 4th Biennial Scientific Conference on the Greater Yellowstone Ecosystem, October 12 – 15, 1997.

他们通过演讲、充当导游、协助教育发展项目的实施等方式宣传了国家公园①。护林员还是国家公园野生动物管理的直接执行者，他们的受教育水平、对政策的理解对于未来国家公园野生动物管理都有重要影响。为进一步满足游客需求，国家公园还创建博物馆。第一个博物馆是在黄石公园的上喷泉盆地兴建的，由风景建筑师赫伯特·迈尔（Herbert Maier）按与周边自然风景协调的原则设计的。

最后，为吸引游客，部分动物成为游客观赏对象，尤其是黄石公园中的熊。在黄石国家公园中，汽车营地和客栈区域形成了一些垃圾场，成为人工喂养熊的地方，人们可以在这些地方看到很多熊搜寻、食用人类丢弃的食物。奥尔布赖特在1920年年度报告中称，公园里喂养熊"对大部分游客而言已经成为最有趣的公园特征之一"②。20世纪30年代后期，黄石公园还修建了专门的灰熊表演看台以供游客观看。

在马瑟、奥尔布赖特积极推进国家公园旅游业发展的政策下，游客获得了迅速的增长。以黄石公园为例，1914年访问黄石公园的游客达到20250人次，1915年增加1.5倍，达到52000人次，随后两年略有下降；1918年因一战影响游客急剧下降到21000人次，但仍比战前多。1919年，游客猛增到62000人次；十年后即1929年，迅速攀升到260000人次，之后的大萧条时代游客数量仍每年呈稳步增长，1940年达到526000人次。③

马瑟和奥尔布赖特掌管国家公园管理局共16年（1917—1933年），他们通过上述方式建构了国家公园管理局管理文化。其特点

---

① Karl Byrand, "Integrating Preservation and Development at Yellowstone's UpperGeyser Basin, 1915—1940", *Historical Geography* Volume 35 (2007): 136 – 159.

② Horace Albright, *Annual Report of the Superintendent of Yellowstone National Park*, 1919, pp. 60 – 61.

③ Karl Byrand, "Integrating Preservation and Development at Yellowstone's UpperGeyser Basin, 1915—1940", *Historical Geography*, 2007, 35, p. 140.

是以服务于游客为宗旨，重视国家公园的独特的自然风景以及民族主义形象，在管理体制上重视护林员、景观建筑师的作用。但是，这种管理文化的内涵缺乏对国家公园生态系统的理解，也不重视对国家公园生态系统的科学研究。历史学家塞拉斯批评国家公园管理局不能分清"旅游导向"的公园管理和以科学、生态为基础的资源管理这两者之间的区别①。而布莱恩特明确指出，两种管理方式有明显界限，公园管理局应把它们区别开来，并且应该选择后者②。

第二节   20 世纪 20 年代 "保存原始自然" 的生态思想及其影响

一   "保存原始自然"生态思想提出的背景

19 世纪末，进步主义运动兴起，进步主义者希望通过对美国的政治、经济、社会等各个层面的改进，革除掉美国快速工业化所引起和加剧的各种社会弊病。这次运动一直持续到 20 世纪 20 年代，史称进步主义时代。进步主义时代高举进步主义观念，倡导"新个人主义"。"新个人主义"思想"主张对个人行为施以社会控制，用集体主义来弥补个人主义的不足"。这体现为一种新的价值，摒弃了极端捍卫个人自由的观点。在这种价值观的引领下，当时占主导地位的社会思想认为，"现代社会已日益发展成一个整体，人们相互依存共同进步，个人权利与社会利益同样重要"③。进步主义者高扬对美国社会各个方面进行改革的精神，他们同时也关注环境问题。因此，当时美国人的环境意识也是从属于进步主义时代的主流思想的。尽管这种意识侧重于对自然资源的保护与利用，但在实

---

① Richard West Sellars, *Preserving Nature in the National Parks*, London：Yale University Press, 1997, p. 273.

② Lynn Ross-Bryant, *Pilgrimage to the National Parks：Religion and Nature in the United States*, New York：Routledge, 2013, p. 194.

③ 李剑鸣：《关于美国进步主义运动的几个问题》，《世界历史》1991 年第 6 期。

践中却蕴藏着新的生态思想。

城市环境的改造受到了进步主义者的关注,与市政改革运动相呼应,美国城市也兴起了城市环境改造运动。自然资源受到特别关注,致使资源保护运动兴起,这场运动受到了时任总统西奥多·罗斯福强有力的支持。尽管罗斯福重视对西部贫瘠土地的开发,反映出来的是资源利用主义思想,但他更重视森林资源的保护,在他任内国有林地达到 150 个,保护面积达 1.5 亿亩。不仅如此,他还下令将 6500 万英亩矿产资源划归国有,禁止私人开采;建立了 53 个野生动物保护区,禁止任何猎杀活动。① 他还对黄石国家公园表现出了特别的关注。

那么,这一时期人们又为什么关注黄石公园呢? 关注黄石公园的什么特征呢? 19 世纪末,美国工业化宣告完成,国民财富迅速增加,美国成为世界上首屈一指的经济大国。然而,在富足、强大背后,人们开始厌倦城市的文明生活,精神上普遍感到萎靡不振,缺乏活力。如果他们能亲密接触原始自然,他们的活力将会重新焕发,精神将会得到升华。这样的自然到哪儿去找呢? 显然,黄石公园就具备这样的特征。这些因素构成了 20 世纪 20 年代生态学家提出新的生态思想的时代背景。

20 世纪初,一项由铁路公司推动的"先睹美国"的旅游运动兴起,促进了黄石公园旅游业的发展。1902 年,一群与盐湖城商业俱乐部有联系的商人发起成立的联合山地各州 (the mountain states) 的旅游托拉斯。费舍尔·桑福德·哈里斯 (Fisher Sanford Harris) 在《西部的召唤》一文中称"户外生活带来健康的活力,灵魂的升华",号召人们不要去欧洲旅游,要先到本国的西部地区

---

① 余志森主编:《美国通史》第 4 卷《崛起和扩张的年代,1898—1929》,人民出版社 2001 年版,第 331 页。

旅游，因为"崇高的西部景观能恢复爱国主义和美德"①。通过把旅游与爱国主义联系起来进行宣传的方式，"先睹美国"运动迅速推动着西部旅游业的发展。而在西部旅游业中，国家公园是最主要的旅游吸引物。1915年，汽车被允许驶入黄石公园，汽车旅游很快成为黄石公园旅游的主要方式。汽车旅游方便了游客观赏野生动物，促进了公园营地旅游的兴起。

黄石公园重视旅游业还与景观设计师有关。美国风景建筑师和景观建筑师是20世纪早期国家公园的支持者。他们与那些公园的设计者、公园的管理者有着密切联系，是公共公园基本理念的阐述者。管理局成立早期，建筑工程师与景观设计师在管理局处于权力核心位置。马瑟时期各部门的负责人，如查尔斯·庞恰得（Charles Punchard）、丹尼尔·赫尔（Daniel Hull）、托马斯·温特（Thomas Vint）等人都曾经受过良好的景观建筑设计教育。马瑟与他们在自然资源观念、公园的人类利用方面没有冲突。在他们的观念中，景观经过适度设计予以保存，可以达到保存自然资源的目的。他们觉得公园的旅游业将飞速发展，他们的任务就是设计与荒野景观相符、顺应自然的游客设施，这不是对公园的破坏，而是保护。

国家公园管理局创建者们，特别是担任过管理局长的马瑟和奥尔布赖特，为国家公园的未来指明了强调旅游业的发展方向，而景观设计师进一步推动了黄石公园对旅游的重视。② 然而，旅游业的发展，势必带来公园内建筑的增加，改变了原有的自然景观特征；游客也会增多，给公园内生态环境增添压力。

给生态环境增添压力的还有博物学者。早在1870年，沃什伯恩—兰福德—多恩探险报告就指出了黄石公园巨大的科学潜力，报

①　John Sears, *Sacred Places：American Tourist Attractions in the Nineteenth Century*, New York：Oxford University Press, 1989, pp. 122, 156.

②　Richard West Sellars, *Preserving Nature in the National Parks：A History*, New Haven：Yale University Press, 1997, pp. 88 - 90.

告中说，"作为科学研究的一个区域，这里将结出累累硕果。对于地质学、矿物学、动物学、植物学、鸟类学这些学科分支而言，黄石公园将是大自然镶嵌在地球表面的一个伟大实验室"①。事实上，科学家自黄石公园创建以来，他们就在公园内搜集标本。1886 年至 1918 年，黄石公园由军队来管理，这改变了过去几乎无所作为的管理。不仅破坏环境、猎杀野生动物的行为有所遏制，而且军方也加强了对公园里搜集标本的管理，即凡搜集各类标本须获得许可证。许可证的发放并不困难，经过国会议员，由内政部官员出具信件给公园管理方就可以了。科学家在黄石公园搜集的主要是地质标本和植物标本，动物标本相对较少。1918 年，国家公园管理局从军队手中接管黄石公园，1920 年左右发生的埃弗曼搜集熊标本事件引发了公共舆论危机。

生物学家巴顿·W. 埃弗曼（Barton W. Evermann）时任加州科学学会会长。科学学会搜罗熊标本自 19 世纪 80 年代就已经开始了，1915 年，埃弗曼向内政部申请 4 具灰熊标本，以供博物馆展览。内政部以标本搜集与公园政策不相符合为由拒绝了这一申请，但接受了公共动物园需要活物熊的申请。1919 年，埃弗曼写信给马瑟，他首先对加州灰熊的灭绝表示了遗憾，然后提出要展现灰熊在加州的重要历史，就需要博物馆有相应的灰熊展览，而且最好是一群黄石灰熊。在埃弗曼看来，黄石公园的灰熊很丰富，偶尔少量减少它们的数量并无太大影响。他提出，科学学会需要一头成年熊（越大越好）、一头雌熊和两头幼熊。埃弗曼深知马瑟对公园旅游的重视，虽然他提及熊展示带来的教育和科学价值，但他更强调，在旧金山展示一群黄石灰熊"对黄石公园而言将是一次巧妙的宣传"②。

---

① Robert B. Keiter, *To Conserve Unimpaired: The Evolution of the National Park Idea*, Washington, D. C. : Island Press, 2013, p. 143.

② James A. Pritchard, *Preserving Yellowstone's Natural Conditions: Science and the Perception of Nature*, Lincoln: University of Nebraska Press, 1999, p. 60.

　　事实上，埃弗曼关于黄石公园灰熊数量多的判断并不可靠。1910 年，美国营火俱乐部的创建者、《户外运动》（*Outdoor Sport*）杂志出版商谢尔兹（G. O. Shields）和摄影师怀特（W. H. Wright）就对黄石公园拥有丰富的熊提出了质疑。怀特认为，公园的守卫战士与"公园的享有特权的人物"正在大量杀死熊，如此发展下去，要不几年，熊的数量将减少超过一半。①

　　加州科学学会与国家公园管理局之间的合作刚开始比较友好。1919 年 3 月，奥尔布赖特以国家公园管理局副局长的身份访问了在旧金山博物馆的埃弗曼。1920 年 2 月，马瑟签署了授权埃弗曼搜集 4 头熊的许可证。于是，埃弗曼精心挑选了一支捕熊队来到黄石公园，队长是萨克斯顿·波普（Saxton Pope）博士。

　　据克莱海德兄弟的研究，灰熊主要是杂食动物，并不具有主动攻击性。但一头带着幼崽的母熊是极富攻击性的，特别是它遭到驱赶、感到不安或受到惊吓的时候。捕杀母熊、幼崽过程并不顺利，捕熊队先用弓箭射击，母熊只是受伤并未死亡。受伤的熊冲向队员们，有队员开枪射击才得以解围。整个过程很惊险。猎杀了母熊和其中一头幼熊后，队员们马上给埃弗曼发送电报描述了整个猎杀过程，不久，这一弓箭狩猎事件成为公众新闻。

　　由于埃弗曼对幼熊怀着浓厚兴趣，因此捕熊队继续搜寻。在搜寻中，他们遭遇了一头母熊，并射杀了它。后来队长向马瑟解释，射杀它是因为它攻击队员。他们在公园转悠时，遇到了奥尔布赖特，后者警告他们，只有 4 头灰熊标本的许可证。捕熊队听说，在公园东边有一头大的公熊，并希望护林员亨利·安德森协助捕获。奥尔布赖特拒绝了这一要求，不允许他们前往峡谷旅馆附近杀死熊，因为他认为这会破坏游客的愉悦。

---

　　① James A. Pritchard，*Preserving Yellowstone's Natural Conditions：Science and the Perception of Nature*，Lincoln：University of Nebraska Press，1999，p. 60.

　　然而，捕熊队依然前往峡谷旅馆区域，在摸清了灰熊在垃圾场活动规律后，他们伏击了灰熊，射杀了一头公熊、一头母熊和一头幼崽。但是，这些标本都被护林员扣押。

　　这一事件很快被公众所知，并激起了公众的强烈不满。公众对捕杀灰熊事件表现出高度的关注。黄石公园的游客开始质问黄石公园管理主任奥尔布赖特和护林员们，是否发起了一项灭绝灰熊的运动。奥尔布赖特抱怨，"没有一天不是在游客的抱怨中度过的。这些游客来到办公室、护林员站，质问为什么不采取措施阻止灰熊被屠杀"。在公众眼中，公园应该是保护的天堂，不应该有猎手的枪支。前来旅游的游客希望在森林里，而不是在一个远离森林的博物馆里看见熊。

　　内政部感受到巨大的舆论压力，国家公园管理局长马瑟颇为生气，并表示将亲自会见埃弗曼。副局长亚诺·B. 康莫雷（Arno B. Cammerer）也对负面新闻表示遗憾。奥尔布赖特写信给埃弗曼，"公园特别希望，波普博士狩猎事件不要再出现在媒体上了"[1]。

　　奥尔布赖特逐渐认识到搜集标本是一项危险的政策，这不仅给公园管理局带来批评，而且给公园形象带来了负面影响。为此，他建议埃弗曼无论如何都要取消旧金山的灰熊展览。他还为第一次发放许可证而感到遗憾，希望搜集标本的工作由公园护林员具体实施。三年后，埃弗曼继续委托其他人游说奥尔布赖特，这一次后者拒绝的理由是，"公园中没有太多的灰熊，我们的确不能扰乱我们所拥有的自然"[2]。

　　显然，当时主流的动物学界尚未完全转变对动物的看法，还没有意识到保护野生动物的重要性。也就在这一时期，一批生态学家

---

[1] Albright to Evermann, July 5, 1920, file "Wild Animals," box 254, entry 6, RG 79 NACP.

[2] Albright to Stanley A. Easton, April 15, 1924, file "Wild Animals," box 254, entry 6, RG 79 NACP.

开始发表论文表达保存自然条件、重视有机体与环境的联系等生态思想，并介入黄石公园的管理，希望用行动来改变过去一些错误的思想和行为，这是 20 世纪 20 年代到 30 年代中期人类生态思想的一股清泉。

二   "保存原始自然" 的生态思想

（一）"保存原始自然" 的生态思想内涵

20 世纪 20 年代美国出现了一批有卓有成就的生态学家，其中以查尔斯·C. 亚当斯影响力最大。亚当斯出生于 1873 年，1899 年亚当斯从哈佛大学获得硕士学位，随后在芝加哥大学学习，同学中有查尔斯·B. 达文波特（Charles B. Davenport）、亨利·C. 考尔斯（Henry C. Cowles）、查尔斯·奥蒂斯·魏特曼（Charles Otis Whitman）等，他们后来都成为知名的博物学家或动物学家。亚当斯于 1908 年获得博士学位，之后在密歇根大学、辛辛那提大学的博物馆工作。博物馆工作的经历使他形成一种观念：博物馆是对社区进行博物学教育最重要的中心。

1908—1914 年，亚当斯参与伊利诺伊大学动物生态学教授的研究。1914 年 12 月，他参加了美国生态学会（the Ecological Society of America）的成立大会。生态协会的组织委员会除了他之外，还汇集了当时的一批生态学家，包括维克多·E. 谢尔福德、亨利·C. 考尔斯、J. W. 哈什博格（J. W. Harshberger）、罗伯特·沃尔科特（Robert Wolcott）、佛里斯特·施力夫（Forrest Shreve）等人。1916 年，锡拉丘兹大学（Syracuse University）的纽约州立森林学院聘任亚当斯为森林动物学助理教授。1923 年，他当选为美国生态学会主席。在纽约时期，他曾经主持过纽约州博物学调查，这对他以生态学为基础的自然资源管理思想产生了重要影响。

20 世纪早期，动物学家深受植物生态学家的影响，他们往往运用生态学工具来研究动物。植物生态学家考尔斯运用自然地理学方法，突出植物演替中的环境因素；谢尔福德注重有机体在环境形成中的作用，1913年出版的《美国温带的动物群落》就是他利用考尔斯的自然地理学方法，研究有机体对环境形成的作用的著作。同年，亚当斯在《动物生态研究指南》中提出，生态学关注生物学的基础问题，其研究目标是"有机体对它们整体生存环境的反应"[1]。由于这几个人的研究方法都强调"有机体—环境的交互式过程关系"，并取得了突出贡献，因而形成了"芝加哥学派"。

　　亚当斯的生态学思想已经超越了对单个物种或者物种群的关注，更重视描述动物间的关系以及动物与环境之间的关系，他将其称之为交互生态学（Associational Ecology），这种思想可以追溯到德国博物学家卡尔·奥古斯特·莫比乌斯（Karl August Möbius）的"生物群落"概念。莫比乌斯在1877年提出了"生物群落"（Biocoenosis）概念，他应用这一概念致力于牡蛎研究，并把牡蛎生活群视为"一种生存的群落，物种的聚集和大量个体的总和"。但是"生物群落"概念不足以解释生物数量的影响因素。亚当斯还应用"生物群落"一词来描述物种和个体总和所占据的生活区域。在此基础上，他提出了他的核心生态思想，即"一个生物群落相关要素发生的任何变化会引起同一群落其他要素的变化"[2]。

　　亚当斯认识到了生态调查的重要性。他认为，传统的分类学专家设计的调查主要是用于博物馆探险和政府利用资源的目的，这些调查的结果就是一份经济价值清单，因此，这种调查无法真正揭示动物间的关系。尽管对生物体要素的描述在生态学研究中是非常重要的，但是科学家必须"搜集到更丰富的关于动物的栖息地、活

---

[1]　Charles C. Adams, *Guide to the Study of Animal Ecology*, New York: The Macmillan company, 1913, p. 3.

[2]　Charles C. Adams, *Guide to the Study of Animal Ecology*, New York: The Macmillan Company, 1913, p. 6, 7.

动、相互关系和反应的数据”①。显然，他有意识地在传统研究方法
上进行创新，来推动动物生态学的发展。

关于野外考察，他特别认同威廉·基思·布鲁克斯（William
Keith Brooks）在1899年发出的质疑：“离开海洋、山脉、河流、草
地的生物实验室难道不是极为荒唐的吗？”他认为重要问题的答案
不是在实验室，而是在田野。生态学家不能像前辈博物学家那样仅
仅满足于搜集，而应把在田野中开展研究作为一种研究习惯。生态
学者应该学习达尔文和华莱士的实地考察方法，正是这种方法才有
助于生态学者们达到终极目的，即“揭示动物对整体环境的反
应”②。

亚当斯明确提出了国家公园管理局的职责就是保护公园的原初
风貌，并且他提供了保护公园原初风貌的科学方法，推动科学家们
开展生态调查，争取在动物区系被极大改变或动物遭受灭绝之前使
科学家们能记录下动物间的联系、动物对环境的反应及相互关系。
他认为这种记录本身就是非常重要的。

亚当斯的思想在生态学领域具有相当的影响，不断有科学家响
应他的“保存原始自然条件”的思想。1916年，内尔森（E. W.
Nelson）在国家公园会议上发言，“在白人占据北美大陆之前，如
同北美地区绝大部分是原始状态一样，黄石地区也是野生生命生存
于此的一幅图景”③。1919年被选为美国生态协会主席，曾担任过
《生态学》杂志编辑的巴林顿·莫尔（Barrington Moore）在1925年
的《狩猎与保护》（Hunting and Conservation）杂志上发表了《论国

---

① Charles C. Adams, *Guide to the Study of Animal Ecology*, New York：The Macmillan Company, 1913, p. 41.

② Charles C. Adams, *Guide to the Study of Animal Ecology*, New York：The Macmillan Company, 1913, pp. 33, 37, 40.

③ James A. Pritchard, *Preserving Yellowstone's Natural Conditions：Science and the Perception of Nature*, Lincoln：University of Nebraska Press, 1999, p. 40.

家公园中自然条件的重要性》，该文阐述了在国家公园中保存自然条件的重要意义，以及公园应该为科学家提供从事动植物研究的机会。艾默生·霍夫（Emerson Hough）是一位忠实的国家公园支持者，他从荒野保护的视角阐明保护国家公园的重要性。他说："真正的问题是如何维护公园的荒野品质，以便来年有一些有价值的东西兜售给公众。"①

在赞同亚当斯思想的科学家中，影响最大的是约瑟夫·格林内尔和特雷西·斯托勒（Tracy Storer），他们是加州大学伯克利脊椎动物博物馆的科学家，约瑟夫·格林内尔在20世纪20年代早期就开始搜集数据反对生物调查局的食肉动物控制政策。② 约瑟夫·格林内尔对约塞米蒂公园给予了特别关注，在那个时代，他是支持公园管理必须以科学为基础的最坚定的鼓吹者。从所处生态学研究的时代来看，格林内尔、斯托勒等人代表了这一时期美国动物生态学研究从博物学传统向新的动物生态学研究的过渡。③ 其特征是注重运用定量分析方法来探寻有机体与环境之间的关系问题。1916年，他们合撰论文《动物生命：国家公园里的珍宝》（*Animal Life as an Asset of National Parks*），发表在《科学》杂志上。这篇论文不仅反映了他们所处时代的一些共享观念是如何广泛地影响生态保护实践的，而且反映了他们对亚当斯思想的发展。

首先是"原始自然"对现代人的意义。他们认为，现代人被文明生活的紧张感深深地困扰着，生理机能也失衡了。在空旷的乡村或山间小住几周是一个疲倦的人得以休息和放松的良方。在自然环境中，"他将从紧张的城市生活中彻底放松，并能与原始自然进行

---

① "Hough Puts the Blame upon the Forest Service"，*New York Evening Post*，February 5，1921.

② Thomas R. Dunlop，*Saving America's Wildlife*，Princeton：Princeton University Press，1988，pp. 49 – 50.

③ Thomas R. Dunlop，*Saving America's Wildlife*，Princeton：Princeton University Press，1988，pp. 53 – 54.

亲密的接触。"而自然中最能治愈人精神紧张的是"自然现象",因为它"能提供人类纯粹的知识或审美需求";还有"人类与动植物紧密的内在联系"。而这一切能在国家公园获得。①

其次是关于"自然平衡的思想"。1749 年瑞典博物学家卡尔·冯·林奈撰写了《自然的生态经济》(*Oecomomia Naturae*),提出自然的经济体系中只有一种变化,即保持回到起点的循环模式。在自然经济体系中循环着的是极其丰富的物种,每种物种都有其"被指派的位置",这个位置既是它在空间的所在,也是它在总的经济体系中发挥功能或工作的地方。每个物种通过帮助其他物种来换得它自身的生存。于是就构成了经济体系中的两个关键概念:共同利益和食物链。就这样,整个有生命的大自然在共同的利益上通过食物链而连接在一起。这种思想并没有经过严格的科学论证,但一直到 20 世纪依然发挥着影响力。随着达尔文思想的出现,科学家们开始用进化的思想看待世界。尽管他们承认生物世界和地质世界的演变,但他们并不能推进"自然平衡"思想的发展。直到 20 世纪早期,"自然平衡"在科学家们看来仍然意味着动植物的"数量平衡"②。

两位作者的自然平衡观有着明显的进步,他们认为,维持"原始平衡"的目的是"实现本土动植物的最大利益"。死去的树木不应该被砍掉,因为它们在许多方面对活着的生命是有用的。倒下的树木对"动物生命的平衡"也是必要的。发育不全的树木或灌木丛不应该被清除,因为它们为鸟类、松鼠和金花鼠提供了"保护天堂"或者浆果。外来物种应该被排斥在公园之外,"在本土动物与

---

① Grinnell and Storer, "Animal Life as an Asset", *Science n. s.*, 44, no. 1133, September 15, 1916, pp. 373 – 380.

② Frank N. Egerton, "Changing Concepts of the Balance of Nature", *Quarterly Review of Biology* 48 (1973), pp. 322 – 350.

食物补给之间已经形成的微妙平衡中，没有外来物种插入的空间"①。

　　他们的自然平衡观显示出一种时代的特点。他们认为，为了使国家公园里的野生动物尽其所能地展示给公园游客，人类可以对自然进行调节，管理者可以增加产浆果的本土植物，特别是在营地和建筑物附近；在因人类建设而破坏的区域种上灌木丛，这样游客就可以观赏到更多种类的鸟。他们也支持在旅游旺季建立野生动物喂养站，认为这不会"严重地"改变自然条件。② 这种观念在当时的博物学者中有很多支持者，例如，生物调查局的首席田野博物学者弗农·贝利（Vernon Bailey）认为："采取一些特别措施使动物们更易被游客观察到是必要的……可以撒一些可口的食物给一些小动物，以便将它们引到显而易见的地方。"③ 这种思想显然是为了迎合游客的需求。

　　其次，关于食肉动物。食肉动物是生态系统的重要组成部分，在疯狂屠杀食肉动物的年代，如何看待食肉动物成为观察一个动物学家的基本科学思想和伦理思想的重要方面。显然，他们的观点迥异于奥尔布赖特、生物调查局。他们建议，国家公园应该"维持野生动物与动物区系其他部分的原始关系"，即使它们每年吃掉了相当多的其他本土动物，但是诸如老鼠、松鼠这类动物能进行自我调节以适应食肉动物的捕食。他们和同时代其他博物学者一样，把狐狸、貂、食鱼貂、金雕等食肉动物视为"动物区系中特别令人感兴

---

　　① Grinnell and Storer, "Animal Life as an Asset", *Science n. s.*, 44, no. 1133, September 15, 1916, pp. 373 – 380.

　　② Grinnell and Storer, "Animal Life as an Asset", *Science n. s.*, 44, no. 1133, September 15, 1916, pp. 373 – 380.

　　③ James A. Pritchard, *Preserving Yellowstone's Natural Conditions: Science and the Perception of Nature*, Lincoln: University of Nebraska Press, 1999, p. 43.

趣的成员"①。1915 年,"令人感兴趣"意味着能引起非常大的科学好奇感,也意味着不再简单地把食肉动物看作"不道德的"。

另外,关于狩猎。他们主张公园内应该彻底禁止对任何野生动物的捕猎或诱捕。保护的原则是"本土动物必须在每一处被谨慎地保护以确保其足够的数量",尤其是在道路附近活动的动物,它们最有可能被游客看见,从审美视角看,这使得野生动物具有"最高的内在价值"②。显然,格林内尔和斯托勒把公园内食肉动物的清除视为对自然平衡的破坏,同时他们为自然平衡的维持提供了审美的正当性。

格林内尔和斯托勒建议,国家公园应该聘用经过专业训练的、能定居下来的公园博物学者。他们认为博物学者能理解自然微妙的交互作用,这些博物学者不仅能进行公众教育活动,而且"能通过深入研究熟悉自然条件和动物区系的关联",从而提出切合实际的管理建议。

他们的思想恰好与当时人们的追求自然美景的社会心态相吻合;面对已经被改变了的自然,他们谨慎地提出了适度干预自然的思想,其目的是迎合游客的需求。这种思想恰恰与这一时期的公园管理思想不谋而合,一定程度上,他们也为这一时期国家公园的管理提供了科学理论的基础。另外,他们关于"自然对现代人的重要意义"的论述,也说明了这一时期的生态学家是相当重视对少数珍稀物种的保护的。

(二)科学家保护国家公园的行动

尽管人们对亚当斯的思想的理解有所不同,但这不并不妨碍其影响。为进一步促进自然环境的保存,1917 年美国生态学会设立一

---

① Grinnell and Storer, "Animal Life as an Asset", *Science n. s.*, 44, no. 1133, September 15, 1916, p. 378.

② Grinnell and Storer, "Animal Life as an Asset", *Science n. s.*, 44, no. 1133, September 15, 1916, p. 378.

个新委员会，致力于保存自然环境，以利于科学家开展生态研究。维克多·E. 谢尔福德被任命为该委员会会长，该委员会一直到1946年才解散。到1921年委员会确认值得保护的自然区有近600个，其中一些是国家公园。委员会的箴言是，"每一座自然公园、每一个公共森林就是一个未被扰乱的区域"。整个20年代，委员会一直反对国家公园中的灌溉项目，其中就有在黄石公园西南部贝希勒盆地的筑坝工程。参与保存自然环境的组织还有国家科学研究委员会（National Research Council）、美国科学促进协会（the American Association for the Advancement of Science）等。

亚当斯在这个保护运动中发挥着核心作用。[①] 其原因主要有两点：第一，他对黄石公园倾注了非常大的情感；第二，在国家公园与科学产生联系方面，他作出了较早的贡献。总之，亚当斯为国家公园管理提供了新观念：国家公园是科学家们开展生态学研究的优良场所。他的思想有利于推动科学家们充当政策咨询顾问，有助于国家公园管理局承担对自然资源的保护任务。

亚当斯还采取直接行动来保护国家公园。1919年，他参与建立"罗斯福野生生命实验站"，该实验室设在纽约州立大学森林学院内。实验站的模式源于欧洲，美国第一座实验站是1888年建立的伍兹霍尔实验站（Woods Hole Station）。实验站的广泛建立有助于推动生物学成为定量科学，进一步从博物学传统中脱离出来。罗斯福实验站很快就在黄石公园建立了指挥部，该指挥部位于黄石湖和拉玛河交汇处。亚当斯作为罗斯福实验站站长支持了几项黄石公园的野生动物研究，并取得了一批成果。这批成果有关于海狸、鳟鱼的研究，此时也有科学家开始对黄石公园中的大型猎物开展研究。

在这一批科学家中，弥尔顿·P. 斯金纳（Milton P. Skinner）

---

① James A. Pritchard, *Preserving Yellowstone's Natural Conditions: Science and the Perception of Nature*, Lincoln: University of Nebraska Press, 1999, p.44.

取得的成果最为突出。其职业生涯的大部分都与黄石公园有关。
1920 年他成为黄石公园第一位公园博物学者，一直到 1922 年被罗斯福野生动物实验站聘用，成为实验站内两位田野鸟类学家之一。
1924 年 2 月，作为罗斯福田野博物学者他从"合作者"转为"临时任用"。1925 年，《罗斯福野生生命通报》（*Roosevelt Wild life Bulletin*）发表了他的关于黄石鸟类的系列研究成果，1927 年，通报发表了他关于公园食肉动物和毛皮动物的研究论文。1925 年，斯金纳出版了他的《黄石熊》一书，这使他成为他那个时代熊研究的权威专家。① 这本书通过观察数据提出，熊并非是一种肮脏的动物，而是讲卫生的动物。斯金纳说："也许我所见到的脏兮兮的熊是这个物种中懒惰而堕落的成员。"他极力为熊的臭名辩白："我越了解灰熊，就越不相信它们天生就是贪婪的怪物。"斯金纳以其深入的观察对熊的饮食习性作了详细评述，认为树根、鳞茎、浆果、松仁、蚂蚁、白蚁、肥大多汁的幼虫都是熊的食物来源，熊"实际上无所不吃"。这成为后来生物学家质疑熊依赖公园垃圾场食物的依据②。

1926 年，亚当斯成为位于奥尔巴尼（Albany）的纽约州立博物馆馆长，罗斯福站在黄石公园的研究工作基本也就终止了。对于亚当斯在黄石公园开展的科学研究的影响，学者普理查德给予了肯定，"尽管罗斯福实验站在黄石开展的调查持续时间相对较短，但是，在宣扬通过科学研究来保存未经改变的公园自然环境这一理念方面，亚当斯功不可没"③。不过，奥尔布赖特从没有支持过这种观念，相反，他保护公园野生动物的目的是为游客提供野生动物观赏

① James A. Pritchard, *Preserving Yellowstone's Natural Conditions: Science and the Perception of Nature*, Lincoln: University of Nebraska Press, 1999, p. 45.

② Milton P. Skinner, *The Bears of Yellowstone*, Chicago: A. C. McClurg, 1925, pp. 35, 44, 45, 57.

③ James A. Pritchard, *Preserving Yellowstone's Natural Conditions: Science and the Perception of Nature*, Lincoln: University of Nebraska Press, 1999, p. 45.

机会。但是，罗斯福实验站的建立及其与咨询委员会的联系影响了国家公园的管理政策，为后来国家公园明确保护对象奠定了基础。

在20世纪20年代中后期马瑟担任国家公园管理局局长期间，科学家对屠杀食肉动物的自然资源管理进行了严厉的批评。以亚当斯的批评最为深刻。1925年他就分析了公园管理与生态学脱节的现象。他考察了公园的火、野生动物和鱼类管理，在此基础上得出结论，公园管理局必须培养对自然资源的生态理解。他指出，如果管理局"采取适当的方式保存国家公园，那么一定要运用生态学知识"。而目前国家公园管理局根本就没有把公园当"荒野"来对待。① 尽管亚当斯提供的管理思路很重要，但效果甚微，因为在马瑟管理下的国家公园管理局根本就走在另一条发展道路上。②

亚当斯还指出，公园里的博物学者并没有致力于科学领域的研究，而是把主要精力放在了对国家公园游客的基础教育方面。事实上，管理局除了操纵动植物区系外，他们更关心公众娱乐，而不是保存生物的完整性。必须肯定的是，在亚当斯的影响下，国家公园管理局对科学的态度发生了微妙的变化。1925年，国家公园管理局设立了由当时的首席博物学者安塞尔·霍尔建议成立的"霍尔教育处"（Ansel Hall's Education Division），以便让博物学者更好地履行相应的教育职责，后来霍尔分部在资源管理上渐渐开始重视发挥科学家的作用。最大的变化就是公园管理局同意富有的生物学家乔治·梅伦德斯·怀特（George Melendez Wright）提供资金资助国家公园开展野生动物调查，并于1933年成立了专门负责野生动物研究与管理的机构。

---

① Charles C. Adams, "Ecological Conditions in National Forests and in National Parks", The Scientific Monthly, Vol. 20, No. 6 (Jun., 1925), pp. 561–593.

② Richard West Sellars, *Preserving Nature in the National Parks: A history*, New Haven: Yale University Press, 1997, p. 86.

第三节　野生动物处

一　野生动物处的成立

怀特在约塞米蒂国家公园工作期间，渐渐明白了公园管理局其实对野生动物管理缺乏任何科学理解，他渴望改变这一局面。在他的努力下，野生动物处在 20 世纪 30 年代初得以创建，隶属国家公园管理局。1927 年，怀特毕业于加州大学伯克利森林学院，师从著名林学家沃尔特·马尔福特（Walter Mulford），还辅修过约瑟夫·格林内尔的课程。约瑟夫·狄克森（Joseph S. Dixon）是格林内尔团队的经济哺乳动物学家（economic mammalogist），怀特曾以学生身份跟随狄克森前往位于阿拉斯加州的麦克金尼国家公园进行过为期两个月的标本搜集工作。1927—1929 年，怀特以博物学者和护林员的身份供职约塞米蒂国家公园。卡尔·P. 拉塞尔（Carl P. Russell）博士是公园管理局的田野博物学者，最先提出需要针对国家公园内的野生动物问题作一次全面调查。1929 年，怀特、狄克森和安塞尔·霍尔（Ansel Hall）提交了一份要求在公园内进行野生动物研究的建议。

此时，奥尔布赖特刚刚任职国家公园管理局长。他把这份建议转交给国家公园的教育问题委员会。该委员会由科学家梅里安姆（John Campbell Merriam）领导。梅里安姆认为，狄克森为期两年的野生动物问题编录计划不是一个好方案，因为这不会解决公园面临的所有困难。梅里安姆建议，第一次调查应该能发现那些最重要的问题，即可能在未来几年内容易发生并容易解决的问题。梅里安姆认为，教育问题委员会没有权力处理这个研究建议，因此，公园管理局自身应该承担进行调查（勘测）的责任。[①] 奥尔布赖特则建

---

① James A. Pritchard, *Preserving Yellowstone's Natural Conditions*: *Science and the Perception of Nature*, Lincoln: University of Nebraska Press, 1999, p. 87.

议，建立一个专门性的教育与研究组织来确定野生动物问题并负责
具体管理工作。怀特等人的建议为野生动物研究的规范管理创造了
一种即时的需要。尽管公园管理局没有为野生动物研究提供经费，
但怀特自愿为公园内的野生动物科学研究提供经费。于是按照奥尔
布赖特的建议，由怀特出资组建了一个"荒野生命调查"（the Wild
Life Survey）组织，一直到 1932 年国会才为野生动物调查提供
22500 美元的经费。① 1933 年该组织正式命名为野生动物处，由怀
特领导。起初人数不多，仅有怀特、狄克森、格林内尔的学生本·
汤普森（Ben H. Thompson）和秘书乔治·皮斯夫人（Mrs. George
Pease）等人。公园管理局把该部门纳入设在加州大学的教育处来
管理，这样教育处渐渐发展成为国家公园管理局的一个重要部门，
它承担着林业开发、景观建筑、公民教育、动物研究等功能。

　　野生动物处之所以能够成立，与这一时期科学家对政府的灭绝
食肉动物政策的批评相关。20 世纪 20 年代美国出现了一些野生动
物管理的专业团体，包括某一野生动物的专业协会、州与联邦的猎
物保护团体，例如全美哺乳动物学会。该学会在 1923 年、1924 年、
1925 年的学会上连续对食肉哺乳动物在美国的消失提出警告。其中
1924 年的学会年会上查尔斯·亚当斯还专门作了关于《食肉哺乳
动物》的报告。1930 年，学会还在纽约市美国自然史博物馆的 5
月会议上组织了一次"食肉动物控制讨论会"②。参会人员除了知
名的反政府灭绝政策的科学家外，甚至还有生物调查局的副局长
W. C. 亨德森和该局的资深生物学家 E. A. 戈德曼。可见当时对灭
绝政策的批评已有了一定的社会基础。

　　另外，奥尔布赖特的野生动物观也为野生动物处的成立提供了

---

① R. Gerald Wright, *Wildlife Research and Management in the National Parks*, Chicago：University of Illinois Press, 1991, p. 14.

② ［美］唐纳德·沃斯特：《自然的经济体系：生态思想史》，侯文蕙译，商务印书馆 1999 年版，第 323 页。

条件。20 世纪 30 年代，奥尔布赖特更为看重野生动物的旅游价值，因而他更愿意把公园视为野生动物的天堂。因此，他有保护野生动物的意愿。奥尔布赖特时期的野生动物保护有两个特点：一是保护特定的动物，例如保护麋鹿免于狼的伤害；二是重视特定区域内的野生动物保护，方便公众观赏。尽管奥尔布赖特只考虑野生动物的旅游价值，但他的这一态度客观上有利于科学家在黄石公园内开展野生动物研究。

二　野生动物处的保护行动

显然，野生动物处希望在黄石公园里有更大的作为。不管是拯救吹号天鹅、鹈鹕，还是控制麋鹿数量，野生动物处都渴望实现更大的目标，即恢复被人类文明进程扰乱的古代自然平衡。

（一）保护吹号天鹅和鹈鹕

对于野生动物处而言，大的自然系统就是野生动物的庇护所，黄石国家公园就是一个大的自然系统，其存在的价值就是为稀有的野生动物提供保护。

1929 年，野生动物处就开始了对吹号天鹅的调查研究。次年夏天，怀特、狄克森、汤普森等人组成一个团队开始对天鹅进行研究。当时大家认为西部的天鹅数量由于人类侵入它们的产卵地而持续下降。这几位科学家乘坐橡皮舟在公园水域四处观察，发现了吹号天鹅的巢穴。他们兵分两路观察其中的两处巢穴，其中一队察觉到，大乌鸦趁天鹅出外觅食时机偷食天鹅蛋。当大乌鸦再次偷食天鹅蛋时，狄克森开枪射杀了大乌鸦。这一事件经媒体报道，引发了天鹅保护的运动，媒体认为："大乌鸦、水獭、老鹰和郊狼都是可疑对象……在证据确凿情况下，博物学者们可以杀死那些捕食被誉为无价之宝的小天鹅的任何动物。"怀特也认为国家公园管理局应该承担相应的责任："除非公园管理局迅速地作出调整，在它权力范围内尽其所能地作为，否则，我们将为我们自由放任的态度而使我们自己和未来一代蒙受耻辱。"①

适度干预成为保存濒临灭绝危险的物种的关键。1934 年，怀特建议在吹号天鹅湖、天鹅湖和白湖等地实施"郊狼控制"，以保护小天鹅。他还赞成护林员设计的标记系统，这种标记系统能向天鹅发出警示，使它们及时返回到安全的湖面。

1935 年，黄石公园的助理博物学者哈洛·B. 米尔斯（Harlow B. Mills）在天鹅湖发现有一对正在筑巢的吹号天鹅。他觉察到湖水下降了 1.5 英寸，如果湖水继续下降，巢穴将会暴露，可能受到郊狼或者游客的侵扰。米尔斯与公园博物学者鲍尔（Bauer）、公园副主任协商后，在天鹅湖入口处筑起了一个沙袋坝子，以使天鹅巢穴远离岸边。

对鹈鹕的保护显示出野生动物处对野生动物的保护超越了资源利用主义的思想。汤普森作为野生生物处的一员，一直在黄石公园从事研究。他搜集了 19 世纪末白鹈鹕的数据，对比了 1895 年与 1931 年俄勒冈州的克拉马斯湖（Klamath Lake）产卵鹈鹕的数据，并同时还对比了 1910 年与 1919 年加拿大的阿尔伯特省（Alberta）的密克隆湖（Miquelon Lake）鹈鹕的数据，他得出结论：在最近一些年内，鹈鹕数量急剧下降，达到 50%—100%。其原因在于湿地和湖泊的开发以及"地方的偏见"。这种偏见源于垂钓爱好者把它们视为竞争对手的错误认知。

20 世纪 20 年代，一些科学家在墨西哥湾进行的鹈鹕饮食习惯研究显示：鹈鹕专吃商业鱼种的恶名是不符合实际的。黄石公园内的莫莉岛屿（Molly Island）也证明了这一点，岛屿附近水域是割喉鳟鱼的产卵区域，尽管有外来鳟鱼，但在该区域割喉鳟鱼是鹈鹕的

---

① James A. Pritchard, *Preserving Yellowstone's Natural Conditions*: *Science and the Perception of Nature*, Lincoln: University of Nebraska Press, 1999, p. 88.

主要食物来源，而割喉鳟鱼是典型的商业鱼种，这就使得许多渔夫把鹈鹕视为竞争者。而汤普森的研究表明，莫莉岛屿的鹈鹕"有点像杂食动物"，它们吃所有种类的鱼，包括在黄石地区发现的一种蝾螈，并非只捕食可垂钓型的鱼类。① 在谈到人类对栖息地的影响时，汤普森认为游客对正在孵化的鹈鹕的影响是灾难性的，因为正在孵化的鹈鹕羞于见到人类。当游客靠近时，从鹈鹕会离开巢穴时间过长而引起更多的鹈鹕蛋丢失。

汤普森提交给黄石公园管理主任罗杰·托尔（Roger W. Toll）的报告中列举了几条保护鹈鹕的正当理由。第一，垂钓协会把矛盾指向鹈鹕，是站不住脚的。第二，鹈鹕是"一种非常古老的鸟，在人类存在之前就在历史的演化中获得了它的存在形式"②。因此，鹈鹕有极高的科学价值。他向托尔建议，对鹈鹕的一些栖息地应该按高标准来规范管理，不能简单依照全国范围内的鹈鹕总数量来进行管理。

护林员对鹈鹕的态度也发生着变化。1931 年春天，黄石公园的首席护林员助理乔治·W. 米勒（George W. Miller）提交了一份报告给托尔，报告提议保护鹈鹕，并指出鹈鹕保护存在的争议，"一方面，任何食鱼的鸟类被消灭都会被鱼类文化主义者所支持；另一方面，鸟类学家无暇顾及食鱼的鸟类给渔业带来的破坏，他们渴望保存食鱼的鸟类"。黄石公园首席护林员乔治·F. 巴克利（George F. Baggley）是黄石公园中第一位接受过学院制教育的首席护林员。③ 他响应米勒的报告，向托尔建议，黄石湖应该可以养活 1000

---

① Ben H. Thompson, American White Pelican, February 12, 1932, 5, 10. File "Pelicans/Material," vertical files, YNPL.

② Ben H. Thompson, American White Pelican, February 12, 1932, 7. File "Pelicans/Material," vertical files, YNPL.

③ George B. Hartzog Jr., *Battling for the National Parks*, Mt. Kisco NY: Moyer Bell, 1988, p. 107.

只到1500只鹈鹕，并认为现在的黄石湖的鹈鹕数量还可以增长。[①]
托尔对他们的建议感到很满意，因为他认为科学家的参与有助于解
决许多年悬而未决的问题。显而易见，护林员的态度也发生了转
变，过去他们积极参与杀死本土的鸟类，现在开始以这种行为为
耻辱。

(三) 保护熊

20 世纪 30 年代，对熊的保护经历了从管理熊到管理人的转变
过程，表明黄石公园管理者开始意识到，人类活动在扰乱自然平衡
中扮演着重要角色。

20 世纪 20 年代末，公园游客与公园熊之间的冲突引发的"熊
问题"越来越成为管理者的麻烦。每年旅游季节，路边熊会令游客
们被迫停下车，驻足在路边喂食熊。起初，人与熊之间保持着和谐
的关系。游客们，甚至奥尔布赖特都会为遭遇到熊的"乞讨"感到
兴奋，当然他们也意识到由此造成的交通拥堵。这一时期，电视节
目反复播放卡通熊的故事，塑造了"瑜伽熊"的可爱形象，它们会
作出鬼脸，偷食野餐篮子里的食物。在电视节目的推动下，人们更
加热衷于在黄石公园喂食路边熊，久而久之，熊在路边乞讨成为熊
的生活习性。从一定意义上讲，这是典型的巴甫洛夫式反应。[②] 此
时，黄石公园还形成了灰熊垃圾喂养点。起初，特许经营者经营的
游客营地形成了食物垃圾的倾倒点，熊渐渐养成了在这些垃圾倾倒
点觅食的习惯。由此，公园在黄石湖区、老忠实间歇泉、大峡谷景
区设置喂养平台，配以长凳，形成圆形剧场。这样，人们把观赏熊
建构为黄石公园的一个旅游看点。

在黄石公园喂食熊和观赏熊已经成为公园的一大旅游景观了，

---

① James A. Pritchard, *Preserving Yellowstone's Natural Conditions*: *Science and the Perception of
Nature*, Lincoln: University of Nebraska Press, 1999, p. 91.

② James A. Pritchard, *Preserving Yellowstone's Natural Conditions*: *Science and the Perception of
Nature*, Lincoln: University of Nebraska Press, 1999, p. 106.

成为消除人熊冲突更大的困难，这也带来了更多的人熊冲突。到1929 年，由熊引发的人员伤害和财产损坏在黄石公园已经是司空见惯了。1931 年，游客报告在黄石公园有 76 起伤害、163 起财产破坏事件，其中有 82 人向联邦政府申请经济补偿。

同时，有人抱怨与熊的经历导致人们的国家公园体验削弱了。1929 年，来自盐湖城的化学教授奎恩（E. L. Quinn）在钓鱼桥游玩时发现，相比上次，钓鱼桥营地的熊增加了许多。夜间熊打翻垃圾桶、偷食附近营地的食物，它们发出的嘈杂声使他难以入眠。于是他致信给托尔说："熊不再是具有本性的野生动物了，而在相当程度上变成了已部分驯化的贪婪者。"① 奎恩认为，过多的熊聚集影响了游客在公园的体验。

为此，公园采取了一系列措施予以应对。这些措施包括警告游客，驱赶熊等方式。而最终的方式就是屠杀熊。20 世纪 20 年代，人们习惯于把熊区分为"好的"和"坏的"。在人们观念中，大部分熊的行为是正常的，它们白天在喂养地获得食物，晚上返回到森林中。给人们制造麻烦的是少部分"坏"熊，把这些"坏熊"移走是避免人熊冲突的有效方式。移走的方式除了诱捕熊到偏僻区域外，还有射杀手段。1931 年，护林员杀死 35 头黑熊。奥尔布赖特认为，熊管理的真正问题在于无法查明哪只熊"真正地做着错误的事情"②。他在 1919 年至 1929 年间担任国家公园管理局长期间，总是执行杀死那些"犯错的"熊的政策，然而"犯错的"熊的确认总是不准确的，因而射杀手段的效果并不明显。

为进一步解决人熊冲突问题，约瑟夫·狄克森代表野生动物处于 1929 年 9 月 10 日至 24 日前往黄石公园，探求解决熊问题的办法。狄克森通过观察得知，由熊引起的破坏和伤害与食物获取相

---

① E. L. Quinn, September Ⅱ, file "1929 – 31," box N – 48, NAYNP.

② Albright to Dixon, November 9, 1931, file "1929 – 31," box N – 48, NAYNP.

关。他详细考察了熊在峡谷小旅馆一天的活动足迹，在此基础上他总结出熊对汽车的破坏主要是由少数熊引起的，比例大约是十分之一。狄克森认为，如果护林员花费足够的时间去追查这些熊，完全有可能查出"破坏事件中的罪犯"①。但是，狄克森认为，在大部分伤害事件中，责任方应该是人，而不是熊。当人们"喂食熊或者嬉戏熊的时候，人们总是还拿着余下的食物，此时，咬伤或抓伤就容易发生。"但是人们总是把责任推给熊。狄克森认为，公园管理方应该设置醒目标志来警示游客，这样做至少可以使公园免责。他还建议，公园的警示工作应更细致些，例如，告知游客勿把食物放置于汽车内。

狄克森还认为应该加强对垃圾喂养点的管理。他观察到，在旅游旺季来临之际，熊会集中在黄石湖、黄石峡谷、老忠实间歇泉等几个景区，它们集中在这几个景区的垃圾场觅食。他提出两点建议：一是应该把喂养点搬迁至远离旅馆和营地地点；二是不应该在每个景区设置喂养点，整个公园有一个喂养点就可以了。狄克森认为熊的问题越来越严重，日益成为公园管理局的负面资产。

这一时期，熊问题在冰川国家公园、瑞尼尔山国家公园都不同程度地存在，处理措施与黄石公园也相差无几。

1931 年，野生动物处的野生生物资源主管戴维·H. 麦德森（David H. Madsen）指出，黄石公园黑熊的自然存活量应该是 20 到 30 头，然而人类干预使得黑熊的数量从 1928 年的 200 头大幅增长到 500 头。② 基于此，狄克森提出，公园管理局应该把多余的熊清除出黄石公园。狄克森基于公园管理局的日常计算，估计灰熊数量有 130 头，黑熊有 350 头。他认为，这个数量已经达到了"自然"

---

① Dixon to Albright, December 15, 1931, file "Bears, Part 2," box 481, RG 79, NACP.

② James A. Pritchard, *Preserving Yellowstone's Natural Conditions: Science and the Perception of Nature*, Lincoln: University of Nebraska Press, 1999, p. 112.

水平，因而"熊的数量必须进行人工限制"，防止其无限繁殖。①

狄克森的这一建议得到了麦德森和怀特的认可。但是他们对于熊的学习与行为模式的理解依然是从单个元素来考虑的，而非从整个系统的角度来思考熊问题的。本质上，野生动物处只是为管理者提供了一种控制伦理，一种源于常识的解决方案，究其根源依然是"自然平衡观"②。

狄克森的建议遭到了拉什等人的反对。拉什认为，问题不在熊身上，而是公园的错误政策。拉什说，"我们一方面提供给它们佳肴，另一方面又对它们品尝佳肴施以惩罚。我们在过去四十年间教会了熊轻松自在的生活方式，另一方面又用很外行的方法来管理它们，令它们感到沮丧，例如，它们必须撕开汽车顶棚，踢翻垃圾桶"③。"真相是……没有坏熊，而是整个系统出了问题。"④ 普理查德认为，"拉什指出了未来三十年都没有能够解决的难题"⑤。

毕业于加州大学伯克利分校的鸟类学家哈罗德·C. 布莱恩特（Harold C. Bryant）也不赞同狄克森的建议。当布莱恩特察觉野生动物处计划移走 50 头黑熊和 25 头灰熊时，他深感不安。在他看来，公园管理局应该把野生动物呈现在公众面前观看和欣赏。然而，野生动物处却把国家公园引向了相反的方向，"使国家公园变成了一个巨大的猎物农场，这里猎物不断产生，不断被收割"。公园有"市场化的野牛和麋鹿"，就是因为"剩余动物"的概念，现在悲剧将落到熊身上。为此，他提出："公园为政府所有，必须强

① Joseph Dixon, "Report on the Bear Situation in Yellowstone," September 1929, file "1929—1931," box N‑48, NAYNP.

② James A. Pritchard, *Preserving Yellowstone's Natural Conditions: Science and the Perception of Nature*, Lincoln: University of Nebraska Press, 1999, p. 115.

③ Memo Rush to toll, August 10, 1931, box N‑52, NAYNP.

④ Madsen to Dixon, January 13, 1932, file "Bears," box Ⅰ, entry 35, RG 79, NACP.

⑤ James A. Pritchard, *Preserving Yellowstone's Natural Conditions: Science and the Perception of Nature*, Lincoln: University of Nebraska Press, 1999, p. 117.

调自然条件未被改变。"他认为狄克森的解决办法是"粗暴的",并担忧野生动物处赞成对食肉动物的控制。布莱恩特从国家公园价值角度来考虑野生动物政策,从方法论上来讲是合理的。

对于布莱恩特的质疑与担忧,狄克森予以回应。通过对比 1880 年代观察数据与 1931 年熊的数量估算,他依然认为:"目前黄石公园熊的态势根本就不是自然的。"① 黄石公园管理主任也认为公园的熊数量存在剩余,赞同清除其中一部分。但是,公园里到底有多少剩余的熊?无论野生动物处还是科学界都不能给出准确的数据,因此争论无法平息。

黄石公园的熊闻名世界,奥尔布赖特不能接受任何干扰游客观赏熊的观念。即使护林员向他汇报由熊引起的抓伤咬伤事件,他依然认为情况并没有变得更加糟糕。关于熊的数量,他认为一些年份熊出现在游客面前的机会多一些,而另一些年份可能就会稀少些;关于食物增多是否会引起熊的数量增加,他猜测"公园的精心保护可能使熊显得更温驯一些",从而人们更容易看到它们。② 关于狄克森熊过剩的观点,他予以驳斥:"野生生命的丰富是一个周期,只可能有最大值与最小值,而非过剩。"③

于是,奥尔布赖特设立了一个委员会,由狄克森领导。奥尔布赖特指示:"国家公园管理局责任之一就是把野生动物作为奇观予以展现。"④ 这对于狄克森而言实在是个难题,因为本来就不认可游客喂食熊的做法。

狄克森和拉什之间在熊问题上本来有分歧,但他们都意识到,食物供给系统应该为熊问题负责。拉什说:"食物是熊问题的关键

---

① Dixon to Bryant, October 28, 1931, file "1929 – 31," box N – 48, NAYNP.
② Albright to Dixon, November 9, 1931, file "1929 – 31," box N – 48, NAYNP.
③ Albright to Evermann, March 20, 1931, file "1929 – 31," box N – 48, NAYNP.
④ Albright to Evermann, March 20, 1931, file "1929 – 31," box N – 48, NAYNP.

所在。"[1] 在他们看来，当旅馆产生的垃圾进入到熊的生活习性生态模式中的时候，自然平衡被人类活动打破了。由此，减少人熊冲突的方法就是不能让熊随意得到人类喂食。这种思想后来发展为熊管理的更为积极的措施。

狄克森对熊的调查活动影响了管理方，使得管理方开始意识到熊需要进行保护，并要重视对熊的研究。1936 年黄石公园首席护林员巴克利在关于灰熊的报告中称，怀俄明州的灰熊数量在 1924 年至 1934 年呈现增长，但是华盛顿州、犹他州、科罗拉多州、阿里左纳州和新墨西哥州的灰熊数量急剧下降，对于这个物种的未来是一个危险的趋势。[2] 巴克利认为，如果想让灰熊继续生存下去，包括国家公园在内的灰熊生活区域就必须为灰熊的生存提供保护。

作为黄石公园的首席护林员，巴克利在 1932 年表达了开展熊研究的必要性。巴克利要求护林员们搜集"每一头熊的情况"，以及病理学数据。在他看来，"毋庸置疑，直到现在，关于黄石熊的增长率以及与人类的关系我们还不能真正知晓"。他认为，熊的一些行为习惯，熊对人类措施的反应等问题依然是个谜。[3] 人们对熊的生命史知之甚少，更别提涉及自然食物和人工食物之间的关系。尽管护林员们搜集的大量信息并不能真正了解黄石熊，但相比过去还是有所进步。

三　野生动物处受挫及其影响

1936 年 2 月 25 日，野生动物处遭遇了沉重的打击。当日，乔治·怀特和罗杰·托尔在新墨西哥州的德明市附近遭遇车祸，不幸罹难。野生动物处成立初期，怀特自掏腰包资助研究。他领导野生

---

① Memo Rush to toll, August 10, 1931, box N-52, NAYNP.

② George F. Baggley, "Status and Distribution of the Grizzly Bear (Ursus Horribilis) in the United States," March 9, 1936, box N-48, NAYNP.

③ George F. Baggley, "Outline of Method for Bear Control," May 10, 1932, box N-52, NAYNP.

动物处不超过三年，但研究国家公园野生动物问题却长达七年之久，这期间，野生动物处推进了国家公园的自然观，为国家公园管理局提供了影响未来的科学建议，这都与怀特的个人努力相关。布莱恩特高度赞扬怀特有着"灌输思想的能力，并将之融入笔端，化于接触的人的思想中。他赋予思想以科学的严谨和活力，从而使野生动物处成为公园管理局中的一支进步力量"[1]。怀特死后，公园管理局把野生动物处从伯克利迁到华盛顿管理局总部，由维克多·卡哈兰负责管理。1939 年又移交给生物调查局。生物调查局一直以来的重要职能是控制野生动物，由它来管辖野生动物处，自然地使得野生动物处原有功能几乎丧失。

野生动物处成立时，恰逢托尔担任黄石公园管理主任。对于托尔的贡献，布莱恩特给予了这样的评价，"在自然生态环境保护和恢复方面，他发展了更有效的技巧"[2]。这也表明科学家的作用与公园管理方的支持密不可分。

20 世纪 20 年代末到 30 年代，野生动物处对鹈鹕、熊、麋鹿的研究以及阿道夫·穆里对郊狼的研究是黄石公园野生动物思想转变的重要时期。尽管这一转变并没有建立新的知识范式，但关于食肉动物在生态系统中的角色、物种间的相互关系等方面的理解都比过去有了明显进步。总结起来，野生动物处有四个方面的贡献。

第一，野生动物处对国家公园的野生动物问题起源、性质等进行了分析。1932 年，国家公园管理局出版了《动物系列》第一卷《国家公园中的动物区系关系的初步调查》，历史学家塞拉斯称之为

---

① Harold C. Bryant, "George Melendez Wright-Roger Wolcott Toll," [Obituary], *Journal of Mammalogy* 17 (1936), pp. 191 – 192.

② Harold C. Bryant, "George Melendez Wright-Roger Wolcott Toll," [Obituary], *Journal of Mammalogy* 17 (1936), pp. 191 – 192.

"开启了国家公园思想的新时代"①。1935 年，出版了第二卷，由怀特和汤普森执笔的《国家公园中的野生动物管理》。这两本著作从三个方面对野生动物问题展开了分析。其一，野生动物问题在国家公园建立之前就已经存在。人类居住、林木砍伐、农耕发展对国家公园中的野生动物数量产生了影响，成为野生动物问题的历史起源。其二，一些国家公园不能为野生动物提供全年的栖息地。这是国家公园人为划分的结果，导致完整、独立的生物单元被切割。②例如，黄石公园的北部冬季草场与蒙大拿州西南部草场本就是一个更大的草场系统，但人为将其分割，导致管理上的诸多问题。其三，在人与动物的冲突中，动物往往遭到野蛮屠杀。

第二，野生动物处引入了有机体等重要的生态思想元素。《动物系列》阐述了狼和郊狼对有蹄动物的自然控制功能。本·汤普森认为，如果人们认识到了"荒野的有机体特征"，那么凯巴布森林（Kaibab）灾难就不可能发生。对某一类野生动物的管理不可避免地会影响到其他野生动物群体，例如，美洲狮的灭绝会导致鹿的数量增多，进一步会影响草场生态。汤普森还指出："任何国家公园或野生生物庇护所都不可能孤立地存在，而不受外界因素影响。""试图以游客观赏次数或猎人捕获量来衡量一种野生动物的娱乐或猎物价值，是对荒野有机体特征的误解。"③

第三，野生动物处首次提出了清晰的、理性的野生动物管理政策。传统的野生动物保护政策是以牺牲其他食肉动物为代价，而仅仅保护特定的有蹄动物。野生动物处改变了这一做法，在实践中他

---

① Richard West Sellars, "The Rise and Decline of Ecological Attitudes in National Park Management, 1929 – 1940," part Ⅰ, George Wright Forum 10（Ⅰ）(1993), pp. 55 – 78.

② George M. Wright, Joseph S. Dixon, and Ben H. Thompson, A Preliminary Survey of Faunal Relations in National Parks（Fauna Series no. 1）, May 1932（Washington DC：National Park Service, GPO, 1933）, 37.

③ George M. Wright and Ben H. Thompson, Wildlife Management in the National Parks, Fauna of the National Parks Series, No. 2（Washington DC：GPO, 1934）, 52.

们形成了一些蕴涵生态思想的保护举措，例如，保护食肉动物做法体现了生态系统各要素都具有自身的价值的思想；在人熊冲突中，注重对人的约束，反映出人类活动也是自然的干扰因素的思想。同时，野生动物处也明确表示，国家公园管理局应区别于其他联邦和州机构，最根本的区别在于它的政策制定应以科学研究为基础。[①]

第四，野生动物处从国家公园的目的角度阐明了如何实现"保护"与"利用"的统一。对于管理者而言，国家公园具有双重目的：既要保存原始环境又要满足游客需求。对游客而言，国家公园是观赏野生动物的地方，并且如同在动物园里一样方便安全。管理者和游客观念中的国家公园实际上反映出国家公园本就是"保护"与"利用"的矛盾体，那么二者能统一起来吗？又如何实现统一呢？

对此，怀特表示了担忧，"在不可避免地处于同一地域内，人类与动物如何缓解冲突和相互扰乱呢？"如果人与动物的关系处理不当，将会导致"整个国家公园理念的失败"[②]。

野生动物处指出，黄石国家公园问题的根源就在于，人们总是习惯于使野生动物符合他们自己的观念，而不是使自身去适应野生动物的生存环境。显然，垃圾场喂食熊和"熊秀"满足了人们观赏的渴望，但却扭曲了自然形象。国家公园中的野生动物的突出之处在于其"荒野"，而不是"驯化"。荒野动物的价值在于"每一个荒野动物都讲述着运转了数、百万年的自然力量的故事，因而是一种无价的创造，是过去的生命体现、未来的现在保存"[③]。

---

①　George M. Wright and Ben H. Thompson, Wildlife Management in the National Parks, Fauna of the National Parks Series, No. 2 (Washington DC：GPO, 1934), iv, 25.

②　George M. Wright and Ben H. Thompson, Wildlife Management in the National Parks, Fauna of the National Parks Series, No. 2 (Washington DC：GPO, 1934), 3, 13.

③　George M. Wright, Joseph S. Dixon, and Ben H. Thompson, A Preliminary Survey of Faunal Relations in National Parks (Fauna Series no. 1), May 1932 (Washington DC：National Park Service, GPO, 1933), 54, 80.

野生动物处认为，应该在自然状态下向游客展示野生动物，以供游客观赏。而黄石熊是一个反面例子，熊观赏的人工干预不仅扰乱了熊的饮食习性，而且还扭曲了自然形象，从而不利于公园的解说和教育功能。因此，野生动物处主张拆除供人们观赏熊的人工设施。

尽管野生动物处存在时间不到十年，但是，它通过开展科学研究、直接参与管理、进行辩论等方式促进了国家公园管理局生态意识的不断提高。历史学家托马斯·邓拉普认为，20 世纪 30 年代的哺乳动物学家发展了相当复杂的生态思想，他们开始正确地认识食肉动物在正常运转的自然系统内的角色。这个团体开始尝试改变联邦的食肉动物控制政策。[1] 历史学家理查德·韦斯特·塞拉斯也认为，野生动物处的科学家们在 20 世纪 30 年代国家公园管理局内部培养了生态取向。同时，他还认为这种生态取向在二战期间及二战后的影响力却持续下降。[2]

本章小结

1916 年，国家公园管理局的创建改变了黄石公园管理无人负责的状况，是国家公园发展史上，也是黄石公园发展史上的重大事件。然而，《国家公园管理局法》留下了一些值得改进的地方，特别是管理层尚未意识到科学、科学家在复杂的生态系统管理中的重要作用。

---

① Thomas R. Dunlop, *Saving America's Wildlife*, Princeton：Princeton University Press, 1988, pp. 50 – 61, 70 – 79.

② Richard West Sellars, The Rise and Decline of Ecological Attitudes in National Park management, 1929 – 1940, part 1, *George Wright Forum* 10 (1) (1993)：55 – 78; part 2, Natural Resource Management under Directors Albright and Cammerer, *George Wright Forum* 10 (2) (1993)：70 – 109; part 3, Growth and Diversification of the National Park Service, *George Wright Forum* 10 (3) (1993)：38 – 54.

　　20 世纪 20 年代是生态学发展较快的一个时期，此时，查尔斯·亚当斯提出了"保存原始自然"的生态思想，这一思想获得了同时代生态学者的广泛认同，从而形成了"操纵式"的干预自然的管理思想。生态学者还积极采取行动，创建野生动物处，开展科学研究，直接参与管理。野生动物处在野生动物保护方面作出了贡献，这一方面与生物学家乔治·怀特密切相关，另一方面与黄石公园管理主任托尔注重发挥他们的作用直接相关。然而，随着怀特、托尔不幸去世，野生动物处很快并入其他部门，其原有功能也逐渐丧失。

第 三 章

自然平衡观与野生动物管理
(20 世纪 30 年代中期至 60 年代早期)

　　20 世纪三四十年代，美国经历了严重的经济危机、第二次世界大战，美国社会最重要的任务是度过危机、取得二战胜利。罗斯福新政使美国成功度过危机，为取得二战胜利奠定了坚实基础。新政时期也是 20 世纪美国三次环保运动中的第二次环保运动开展的时期，新政有关资源保护的政策不仅保护了自然资源，而且还为六七十年代的现代环保运动奠定了制度和思想的基础。新政时期资源保护政策的主导思想是经济上的功利主义，其内容是联邦政府出于公共利益的目的，加强对自然资源的开发、利用和保护活动的干预和管理上。联邦政府的这种政策也反映在黄石公园的野生动物管理上，尤其是对麋鹿和野牛的数量干预上。

　　那么，这一管理政策的理论基础是什么呢？又是哪一位科学家提出的？在这种管理的具体实施过程中，科学家、管理者与其他利益相关者有什么分歧？实施的效果又如何呢？本章拟对上述问题进行深入探讨。

第一节 自然平衡观的提出

一 20 世纪 30 年代黄石国家公园的生态

20 世纪二三十年代，黄石公园管理者关注的焦点在麋鹿、野牛、熊等大型野生动物身上。

黄石公园创建时，在公园内的运动型狩猎是一项可以接受的娱乐活动。然而，这一活动被滥用，运动型狩猎和职业的皮毛猎人肆意屠杀公园中的野生动物，包括麋鹿，造成麋鹿数量的大幅减少。据黄石公园第二任管理主任诺里斯说，在 1875 年春天，猎手博特勒（Fred Bottler）和他的两个兄弟在猛犸热泉周围屠杀了约 2000 只麋鹿。[①]

1883 年，黄石公园内的所有公共狩猎都被禁止，1894 年《黄石公园保护法》立法，此时正是军队管理黄石公园时期（1886—1918 年），军队管理相比之前更为强硬有效。19 世纪 80 年代末期，麋鹿数量呈现增长。进入 20 世纪 20 年代，对野生动物实施主动管理的理念逐渐被国家公园管理局所接受。此时主要是猎物管理。尽管奥尔多·利奥波德的《猎物管理》一书是在 1933 年发表的，但猎物管理的观念早就流行开来。1916 年在纽约召开的第二次国家狩猎会议上，首席林务官亨利·格雷福斯（Henry S. Graves）宣称，"我们现在已经达到这样的水平：与其他任何自然资源一样，我们着眼于猎物的增长、利用，运用明智的、富有建设性的方法，达到

---

① Philetus W. Norris, "Meanderings of a Mountaineer, or The Journals and Musings (or Storys) of a Rambler Over Prairie (or Mountain) and Plain," (unpubl. mss., Huntington Library, c. 1885): 33, as cited by Aubrey L. Haines, *The Yellowstone Story*, Vol. 1, rev. ed., Niwot: University Press of Colorado, 1996, p. 205.

掌控猎物的目的"①。在这种指导思想下，黄石公园采取了几项措施促进麋鹿的增长。首先是在冬季严寒时节，为麋鹿补充草料，防止冬季草料不足引起麋鹿饥饿致死；其次，配合联邦政府在黄石公园附近建立杰克逊·霍尔麋鹿庇护所，用来专门人工喂养麋鹿。在这些措施的刺激下，麋鹿数量增长很快，到1930年以后，麋鹿数量明显过多。植被和食草动物之间的平衡被打破了。

黄石国家公园中的野牛，是美国仅有的基因纯正、自由漫游的荒野野牛，黄石公园因而也成为"世界上唯一的，自史前时代起野牛就一直在此存活的地方"。专家们估计，漫游在美国荒野中的野牛最高峰时达三千万头。与其他地区的野牛不同，黄石野牛群尚未与奶牛杂交。为了区别真正的荒野野牛，一些环保主义者把杂交品种称为皮弗娄牛（beefalo）。每到冬季，野牛走出深深的雪地，本能地踏上了迁移的路途。它们穿过公园边界，沿着西部和北部边界进入低纬度的私人和公共土地。千百年来野牛的生活轨迹就是这样的，然而这与迅速发展的现代文明产生了冲突。也因为基因和历史的独特性，关于它们的管理争论也带有更多的不同群体的观念，反映在对这种动物的历史重要性、有用性、威胁度、未来前景不一致的认识上。

19世纪野牛成为大众的猎捕目标，猎杀野牛还是当时美国政府对付土著印第安人的策略，美国白人通过屠杀野牛来有效地破坏印第安人的文化生活方式和物质基础，迫使他们无法在平原上生存下去。1873年，美国内政部长哥伦布·德拉诺（Columbus Dela-no），清晰地陈述了他的看法，"野牛对印第安人而言，就是一种促使他们依赖这块土地维持生存的方法。只要野牛还停留在平原上，印第安人的文明化就是不可能的。因此，野牛从西部大草原消失，

---

① Henry S. Graves, "Game Protection on the National Forests," *Bulletin of the American Game Protective Association* 5：2（1916），pp. 18 - 19.

对此我不会感到特别遗憾。"①

在屠杀野牛政策下，20世纪之前野牛被猎杀，几近灭绝。与麋鹿一样，20世纪初，黄石公园也开始实施人工喂养政策。拉玛山谷是黄石公园北部草场的一部分，是公园的低海拔地区，大约有378000英亩草地，一直延伸到公园边界，与私人土地、美国森林局管辖的土地相连。这儿是野牛的传统草场。为恢复几近灭绝的野牛，1907年公园在拉玛河谷的玫瑰小溪建立了"野牛草场"。草场以圈养的方式喂养野牛，野牛数量一度达到1000头。在拯救野牛的事业中，查尔斯·琼斯（Charles Jesse Jones）作出了重要贡献。他积极筹款，建立野牛人工喂养基地；并大力宣传，呼吁国家公园管理局重视野牛数量的恢复，这对野牛数量的恢复发挥了重要作用。1907—1929年，黄石公园野牛继续被精心喂养，其数量也持续增加。进入20世纪30年代，人们发现野牛数量已超出了草场的承载力。

到20世纪30年代，黄石公园的熊不再是动物学家们搜集标本的对象了，它们受到公园的特别照顾，甚至建立专门的垃圾场来喂养它们，这也使得熊成为游客们观赏的对象，但是由此带来的人熊冲突管理者一直在试图治理，但效果并不佳。

二　拉什的生态思想

黄石公园北部草场麋鹿数量的增多，甚至引起了西奥多·罗斯福的关注。他劝诫黄石公园管理者对麋鹿数量的增长要保持警惕，同时认为补充营养式的喂养并不明智。② 麋鹿问题关系到黄石公园北部草场大的生态，涉及蒙大拿州、怀俄明州猎人群体、畜牧业主

---

① U. S. Department of the Interior, *Annual Report of the Department of the Interior*, 1973.

② Theodore Roosevelt, "Three Capital Books of the Wilderness," The Outlook 102 Nov. 1912: 712 –715, as cited in Haines, The Yellowstone Story, Vol. 2, p. 77.

的直接利益。麋鹿的增多自然成为这一时期管理层最为关注的课题。

20 世纪 20 年代的"凯巴布森林悲剧"使人们把关注的焦点投向黄石公园的麋鹿。1907 年以前，凯巴布高原生活着鹿群、美洲狮、郊狼和狼，植被生长快、更新快，植被、食草动物和食肉动物之间维持着平衡。1907 年，亚利桑那州对捕杀食肉动物实行奖励。到 1920 年左右，食肉动物在此地几近灭绝。失去了食肉动物的控制的鹿的数量迅速增加，造成对植被的过度啃食。到 1924 年，鹿群数量暴增到 10 万只，严重超出凯巴布高原承载力，植被因过度啃食遭到毁坏。不到两年，约有 3 万头鹿饿死，而且这一趋势还在持续，而凯巴布高原被毁坏的生态系统一直没有恢复过来。[①] 短时间内大量鹿的死亡引起美国社会广泛关注，也促使黄石公园管理者谨慎地对待北部草场的管理。

1928—1932 年，黄石公园聘请威廉·拉什（W. M. Rush）全职研究北部草场条件，黄石公园因而成为第一个聘请全职科学调查员搜集一个特定物种的资源信息的国家公园。1932 年，拉什撰写了一篇 131 页的专题论文，由蒙大拿渔业与猎物委员会出版。论文对黄石公园的生态有两个基本判断。

第一，黄石公园拥有丰富的野生动物。公园护林员斯金纳曾于 1927 年从《罗斯福野生生命通报》（Roosevelt Wild Life Bulletin）中撰写了一篇关于猎物的论文，拉什引用了这篇论文的相关数据与观念。斯金纳认为，史前时代黄石地区的野生动物稀少。随着人类在怀俄明州和蒙大拿州的山谷地区居住，丰富的野生动物被驱赶到了黄石地区。他认为这是黄石公园北部地区野生动物丰富的历史成因。斯金纳判断的依据是探险家海登的叙述，显然，他没有全面翻

---

① 钱俊生、余谋昌主编：《生态哲学》，中共中央党校出版社 2005 年版，第 44 页。

阅海登的描述。现在，历史学家已经确认，19世纪中期黄石地区里面和周边都有相对丰富的野生动物。[①]

第二，公园内的冬季草场"自1914年以来，足有50%面积因过度放牧和干旱而恶化"[②]。拉什的研究方法主要有两种：一是分析饲料植物的化学成分，但没有对植物构成的变化进行定量评估；二是建立隔离草地区域来观察各类草的生长状况。上述方法依然是传统的草场研究方法。1898年克莱门茨提出植物演替概念，并提出更准确的定量分析研究法，拉什并没有运用克莱门茨的定量分析法，当然拉什也承认他自己的方法"并非北部草场研究的科学方法，只是权宜之计"[③]。拉什还认为，公园北部草场在变化，"非饲料植物正在取代有价值的饲料植物"，如果这种趋势延续，那么，"草场会因麋鹿食用饲料植物而出现过度放牧的态势"[④]。他还预测，如果五年内情况没有得到改善的话，饲料植物将在15年到20年内会消失。最后的结果就是整个草场生态的退化，而不是正常的演替或保持自然平衡。拉什的观点和预测成为当时草场生态的主流观念。

基于这两个基本判断，拉什给管理局提出了几点建议。

第一，草场需要实施人工补播种子计划。最为重要的是冬季的补播种子计划，这是"促使草场恢复到饲料高生产能力唯一可行的方法"[⑤]。为更好地实施补播，必须清除山艾草等杂草并灌溉土地，两者能大幅改善饲料植物的生长。

---

① Milton p. Skinner, "The Predatory and Fur-Bearing Animals of the Yellowstone National Park", *Roosevelt Wild Life Bulletin* 4, June 1927, pp. 163–281.

② W. M. Rush, "Northern Yellowstone Elk Study," Montana Fish and Game Commission, April 1932, p. 64.

③ W. M. Rush, "Northern Yellowstone Elk Study," Montana Fish and Game Commission, April 1932, p. 119.

④ W. M. Rush, "Northern Yellowstone Elk Study," Montana Fish and Game Commission, April 1932, pp. 65, 126.

⑤ W. M. Rush, "Northern Yellowstone Elk Study," Montana Fish and Game Commission, April 1932, pp. 65–66.

第二,科学管理黄石公园内外的狩猎行为。拉什认为,狩猎直接影响到草场的生态。拉什估计北部草场有 13000 只至 14000 只麋鹿,从草场生态安全考虑,他认为每年猎人们猎杀麋鹿总数在 500 只左右最为合适。同时他对加德纳城附近与蒙大拿州交界的边界线上的狩猎行为颇为不满。该边界线以北的草场由蒙大拿州管辖,以南就是黄石公园的北部草场。每年冬季,麋鹿离开公园沿着河谷北上搜寻冬季草场,经过边界线到达蒙大拿州境内。此时也正是蒙大拿州狩猎开放的季节,猎手们守候在边界线外,开枪射击麋鹿。尽管体验不到荒野追猎的乐趣,但是他们能很轻易地获得猎物。不过,由此产生两个问题:一是,一些猎物受伤了,猎手去追捕自己的猎物,这样猎手就会处于其他猎手的枪口威胁之下,造成人身安全隐患;二是,动物们经过几番类似的经历,逐渐懂得越过边界线的危险,于是它们会选择滞留在公园内。在拉什看来,正是麋鹿滞留在公园内,草场就面临着更大的生态压力。

1926 年,拉什提出了限制狩猎的办法。他督促蒙大拿州修改狩猎法,他认为要设立"受到限制的狩猎执照体系",这个体系应详细规定狩猎点、麋鹿的性别,并禁止捕获幼崽。拉什还建议,从黄石河东边到贾丁山(Jardine Mountain)的公园北部划出两英里的带宽,设置为边界狩猎禁止带,在此区域永远禁止狩猎。拉什的麋鹿狩猎观有两个特点:忧虑草场生态遭到破坏;通过操纵鹿群的数量来平衡草原生态。

拉什的思想是那个时代典型的草原科学家的思想。20 世纪 20 年代,草原管理科学开始出现,在鼎盛时期全美有 15 所大学开设了相关课程。第一本教材是 1923 年亚瑟·桑普森(Arthur Sampson)撰写的。20 世纪 20 年代,科学家们主要研究草场与奶牛的关系,他们还首次开展植物构成变化的研究。草原科学家的队伍不断壮大,包括了病理学家、农学家、草地生态学家。1948 年,还形成了专业团体"草原管理协会"（the Society for Range Management）。他们提出的最重要的概念是"承载力"。这个概念很大程度上源于克莱门茨的"草地演替"概念，其基本含义是，如果有蹄动物牧养过多，草地的顶级植物将被改变。渐渐地，草地物种的构成将会退化，退回到次一级顶级状态的演替路径上。过度放牧因潜在的灾难性后果，会打破微妙的自然平衡。这些灾难性后果包括土地遭到过度侵蚀和草地生产力难以恢复，甚至会出现沙尘暴天气。

"承载力"运用于奶牛管理上，就是指能提供最大产量的奶牛密度。对于黄石公园的草地而言，其涵义指在某一时间段内，植物能养活食草动物的最大量。[1] 如果羚羊、鹿、麋鹿以及驼鹿等食草动物超过承载力，它们的牧养将不可避免地影响草地的自然平衡。承载力概念描述了动物与它们栖息草地之间的关系。20世纪20年代，大峡谷国家公园就发生了因动物数量超过草地承载力而引发自然平衡遭到破坏的悲剧。黄石公园也面临同样的命运，食肉动物灭绝了，会引起麋鹿数量大幅增长；而猎手们希望增加狩猎量，但管理者又很难下定决心来满足猎手们提出的增加狩猎量的要求，因为这不符合他们一贯的保护野生动物的做法。这就造成了两难境地。

草原科学家提出的"承载力"概念是以"自然平衡观"为理论基础。自然平衡观可以追溯到古希腊的哲学思想，是西方文化传统的一部分。自然均衡是生态学中历史最悠久，影响最广泛、最深远的传统观点和隐喻之词（Metaphor）。顾名思义，自然均衡在生态学中常被解释为，自然界在不受人类干扰的情况下总是处于稳定的平衡状态；各种不稳定因素和作用的相互抵消，使整个体系表现出自我调节、自我控制的特征。这一思想被广泛地应用于生态学的各个领域，形成了生态学的经典范式或平衡范式。

---

[1]　W. Leslie Pengelly, "Thunder on the Yellowstone", *Naturalist* 14（1963）, pp. 18-25.

进入 20 世纪后，这个概念成为描述自然的科学概念。它描述自然各要素之间的和谐运行、总体的平衡状态，非常类似于从来不会耗尽燃料的永不停止的机器。① 然而，达尔文主义的进化论意味着变化，冲击着自然是完美和没有变化的思想。1913 年，亚当斯把自然平衡描述为"仅仅是一种相对状态"，像钟摆一样，时而有较大的振幅，时而几近静止状态。有时候，地方性灾难颠覆了事物的正常状态，随后慢慢地发展出一种新平衡。后来，有人在科学文献中把地方性灾难称为"多重平衡状态中"的"干扰"。1929 年，亚当斯对自然平衡有了进一步理解，他认为公园不可能孤立于外部影响，公园管理方的控制、自然界本身的演化与适应等因素都会使公园在一段时间内发生变化。

相比亚当斯的自然平衡观，拉什的自然平衡观强调的是演替与退化，这一点吸引了大部分科学家和管理者的注意力，也是亚当斯所没有论述到的。野生动物处的科学家们认可拉什的顶级阶段生态、自然平衡法则，最重要的是接受了他的"控制"自然的思想。1929 年至 1933 年拉什与野生动物处的成员共同担任麋鹿调查顾问。1933 年，约瑟夫·狄克森和本·汤普森报告北部草场条件处在"恶化"中。他们认为，麋鹿数量超过草场承载力，使得面临着冬季饥饿的"麋鹿正处于灾难的边缘"，艰难的冬季将带来"可怕的饥饿和损失"。② 管理者的任务就是使自然的利用合理化，阻止野生动物不人道的死亡。这表明野生动物处与拉什的观点不谋而合，说明野生动物处也受到了拉什的影响。

对于拉什与野生动物处的建议，管理方予以积极回应。1934 年，黄石公园管理主任托尔在他的年度报告中使用了"过度放牧"

---

① Frank N. Egerton, "Changing Concepts of the Balance of Nature", *Quarterly Review of Biology* 48, 1973, pp. 322 – 350.

② George M. Wright and Ben H. Thompson, *Wildlife Management in the National Parks*, *Fauna of the National Parks Series*, No. 2 , Washington DC：GPO, 1934, p. 85.

一词。托尔认为，降水的短缺和冬季草场的过度放牧引起了植被严重枯竭，要恢复到正常状态，就需要采取严厉的措施。[①] 这意味着，20世纪30年代早期黄石公园管理者接受了当时的管理常识，他们根据草原科学和野生动物生态学的知识来调整管理措施，从植被覆盖的情况出发，他们考虑到需要调整过去一贯精心保护的麋鹿群政策。

第二节　控制麋鹿的数量

一　阿布萨罗卡岭保护委员会

在国家公园管理局长牛顿·德鲁里（Newton Drury）支持下，在野生动物管理方面，黄石公园除继续执行控制麋鹿数量的政策外，还出现了一些重要变化，其目的是把公园更自然的一面展示给游客。1944年关闭了一个熊喂养点，这一年正好是隶属于美国渔业与野生动物局的国家公园野生动物分局转交给国家公园管理局管理的那一年。1943年，黄石公园管理主任艾德蒙·B. 罗杰斯（Edmund B. Rogers）也关闭了"野牛牧场"。而更重视旅游的前国家公园管理局长奥尔布赖特对此颇为不满。

战争期间，国家公园受到了明显的影响，国会削减了国家公园管理局的拨款经费，德鲁里任期也面临着经费不足。在任期间，他致力于自然资源的保存，迥异于马瑟与奥尔布赖特突出公园娱乐利用的管理风格。他支持自然保护主义者，并创造新词"王冠上的珍宝"来描述这个西部巨大的风景壮丽的荒野公园，促成了"抢救红木联盟"（Save-the-Redwoods）的成立。[②] 他把约翰·C. 梅里安姆

---

① Roger W. Toll, *Superintendent's Report*, 1934.

② George B. Hartzog Jr., *Battling for the National Parks*, Mt. Kisco NY: Moyer Bell, 1988, p. 81.

(John C. Merriam) 视为 "公园保护事业的导师",而他的管理也确实反映了梅里安姆的理想。① 令人遗憾的是,在 1951 年国家恐龙历史遗迹附近的筑坝斗争中,由于内政部长奥斯卡·查普曼 (Oscar Chapman) 施压,德鲁里被迫辞职。

20 世纪四五十年代,黄石公园护林员承担了双重任务:管理任务和有限的研究工作。1939 年野生动物处转交给生物调查局的国家公园野生动物分局之后,黄石公园野生动物的实际管理工作由公园护林员承担,截至 20 世纪 50 年代早期,护林员一直是具体的管理实施者。但是此时的护林员受教育程度明显有所提高,著名的护林员有鲁道夫·格里姆 (Rudolph L. Grimm)、科特斯·斯金纳 (Curtis K. Skinner),两人都接受过大学教育,前者还学习了植物学、森林学等学科。护林员与以前一样,在野生动物管理问题上会与公园的博物学者商讨。1944 年,国家公园管理局设立野生动物分局,该局由维克多·卡哈兰领导,1948 年更名为生物处。20 世纪 50 年代,有关野生动物管理,主要是护林员与生物处的生物学家进行商讨。不过黄石公园的野生动物管理主要由护林员负责,这是生物处的生物学家对野生动物管理的决策产生的影响很小。

这一时期,黄石公园的管理焦点是北部麋鹿问题。国家公园管理局的生物学家认为,黄石公园北部草场的麋鹿必须减少。对此,持反对意见的主要是两类人:一类是运动型猎手,强烈反对在公园内由护林员对麋鹿采取直接减少行动,因为他们也希望参与对麋鹿的减少行动中;另一类以乔治·科恩 (George Kern) 为代表的资源保护主义者,科恩是铁路雇员,他主张对公园里的资源进行利用,在他们看来,麋鹿是旅游观赏的对象,直接屠杀会影响公园为美国

---

① Letter Drury to Lawrence C. Merriam, March 28, 1951, file "Merriam," box 12, entry 19, RG 79, NACP.

人民服务的价值目标。①

1942—1943年的"直接减少"行动导致大量麋鹿被屠杀,引发了公众的强烈不满,这给公园的管理带来了巨大压力。为取得公众对该行动计划的支持,国家公园管理局创建了阿布萨罗卡岭保护委员会（The Absaroka Conservation Commitee）。委员会半年举行一次会议专门商讨麋鹿管理问题,与会人员包括草原科学家、州狩猎管理部门官员、美国森林局官员、黄石公园管理人员、运动员组织人员等。

1943年5月9日,委员会在猛犸热泉举行了第一次会议。20人出席了这次会议,在这次会议上,黄石公园助理首席护林员总结了北部草场的麋鹿形势,指出1942—1943年间麋鹿大约有13000只。国家公园管理局和蒙大拿狩猎委员会的官员们认为,北部草场的承载力大约是6000只,另外7000只就需要采取直接减少行动予以清除。委员会制订一个三年计划,具体措施则是：猎人在公园外进行猎杀,护林员在公园内实施直接减少行动。考虑到冬季严寒,麋鹿将大量迁移出公园寻找冬季草场,这会给蒙大拿猎手们在一个冬季就杀死6500只的机会,委员会允诺狩猎量大约是鹿群的增长部分,即大约1600只。黄石公园也许诺该三年计划完成后,下一个三年内,未经与委员会协商就不得采取"直接减少"行动。

北部麋鹿群的生存与迁徙交织着各类矛盾。第一,终止"直接减少"行动不仅反映了猎手的诉求,而且也反映了公众的诉求。20世纪四五十年代,猎手是环保主义团体颇有影响力的群体,到70年代他们的影响力才衰微,因此,这一时期猎手的诉求对黄石公园的影响较大。公众对大批屠杀有蹄动物极为不满,他们把麋鹿和野牛看作"自然原始图景",但已经被人类逐渐破坏了,现在只是一

---

① James A. Pritchard, *Preserving Yellowstone's Natural Conditions*: *Science and the Perception of Nature*, Lincoln: University of Nebraska Press, 1999, p. 148.

些碎片留在国家公园，而公园的政策却显得如此野蛮。[①] 第二，黄石公园在公众舆论压力下，愿意终止"直接减少"行动。在确定麋鹿数量剩余的情况下，公园愿意终止该行动计划，以寻求新的解决办法。第三，西北部的牧场主认为迁徙到加勒廷峡谷（Gallatin Canyon）的麋鹿群对奶牛的饲料产生了威胁。

麋鹿问题涉及对食肉动物郊狼的管理。郊狼数量在此期间增长很快，郊狼的增多使得牧场主不满，他们认为郊狼威胁到了驯养牲畜的安全，应该控制郊狼的数量。黄石公园博物学者马克斯·鲍尔（Max Bauer）认为这是黄石公园"过度保护"的结果，他还认为郊狼捕杀猎物型动物并非它的天性，而是人为保护造成了郊狼的"胆大妄为"[②]。

阿道夫·穆里（Adolph Murie）也不认同牧场主的看法。他于1937年至1939年进行了郊狼研究。穆里的研究表明，郊狼在春夏秋季以啮齿类动物为主食，冬季鹿、羚羊、大角羊在其食物比例中占比很小，在这三种动物中鹿占比最大，仅有1%。而且，大部分郊狼会在冬季留在北部草场越冬，一部分离开北部草场跨出公园的郊狼会遭遇到捕兽者的捕获。他特别指出，郊狼数量并非无限制增长，还处于"自然控制"的状态之下。阿道夫·穆里在20世纪40年代作为有蹄动物研究权威已经享有很高声誉，1951年他的《北美麋鹿》（*The Elk of North America*）出版，在相当长一段时间内被认为是权威的。在书中，他总结道，"黄石公园麋鹿的问题不是由食肉动物引起的，而是冬季草场不足引起的"[③]。

公园博物学者鲍尔和加勒廷保护委员会成员福雷德·威廉姆斯

① Absaroka Conservation Committee, minutes of meeting, May 6 – 7, 1944, box N – 25, 5, NAYNP.

② Absaroka Conservation Committee, minutes of meeting, September 25 – 26, 1943, box N – 25, 8, 9, NAYNP.

③ Olaus J. Murie, The Elk of North America, Harrisburg PA: Stackpole, 1951, p. 315.

（Fred B. Williams）赞同穆里的观点，并有所阐发。鲍尔认为，郊狼是腐尸的清道夫，从而阻止病菌在动物世界传播。郊狼食物构成的75%是啮齿类动物，郊狼因而成为自然链条上重要的一环。威廉姆斯也为郊狼辩护，他认为郊狼"在造物主作品中占据着合理位置"。然而，令人遗憾的是，他们的思想并没有在当时的黄石公园管理层中产生多大的影响。

阿布萨罗卡岭保护委员会并不满意穆里的研究成果，为此它成立了郊狼委员会并开展对郊狼的进一步研究。郊狼委员会在研究基础上向黄石公园提出控制北部区域郊狼的建议。黄石公园认为此举有助于"减少郊狼不自然的集中"①。事实上，郊狼控制政策不过是反映了牧场主在黄石公园北部地区的商业利益。

总的来说，1943年到1954年间，阿布萨罗卡岭委员会的主导思想是自然平衡观。其所属郊狼委员会提出的控制郊狼的举措体现了对自然平衡观的理解，即黄石公园食肉动物控制政策的依据就是"食肉动物和猎物动物之间的适当平衡"②。其含义是，"保持适当平衡"表达着自然运行的方式，既是一种科学理念，也是一种环境伦理，有助于纠正因功利主义利用或情绪化保护而实施的错误政策。但也是一种人类直接干预自然的理论依据。当然，界定自然是否平衡对于阿布萨罗卡岭委员会来讲是一件棘手的事情。

然而，委员会的自然平衡观并不被蒙大拿州渔业与狩猎部科学家麦克法兰（J. S. McFarland）所认同，在他看来，人类对某一物种的干预会影响另一物种不正常的增多或者减少。他认为，物种的自然数量总是不断波动的，不可能是恒定的。恰当的野生动物政策应该是让生态系统自身运转，除非生态系统严重失衡。

---

① Memo Rogers to Region Two director, September 26, 1950, box N – 25, NAYNP.

② Absaroka Conservation Committee, minutes of meeting, May 6 – 7, 1944, box N – 25, 7, NAYNP.

二　科学家与麋鹿减少政策的强化

在威廉·拉什"自然平衡观"的指导下，黄石公园自20世纪40年代初发动了一场持续25年的减少麋鹿的计划。这项计划从三个方面实施：一是，猎手每年秋季在蒙大拿的边界线猎捕麋鹿；二是，公园工作人员实施诱捕并把它们运出公园；三是，如果上述两种方法仍不能使鹿群数量规模恢复正常，那么公园护林员将采取"直接减少"行动，即射杀更多的麋鹿。①

二战期间，国家公园管理局华盛顿办公室的维克多·卡哈兰不断重申黄石公园的论断：控制麋鹿是必要的。②

从1947年开始，生物学家沃尔特·基塔姆斯（Walter Kittams）开始了为期6年的麋鹿研究。他在1947年建立了20个山杨研究区域，以便深入持续研究麋鹿的食草行为。研究显示，由于正在生长的山杨树被持续啃咬，山杨树的平均高度下降了21英寸到17英寸。如果这种食草模式持续下去，幼树还可以持续生长一段时间，但是不会成熟。最终，食草压力将降低树的高度，直至山杨树灭绝。阿布萨罗卡岭委员会也接受了他作为草场专家的这一研究成果。基塔姆斯提出，麋鹿群必须得减少到先前计算的承载力以下，即6500头以下。只有这样，破坏的环境才可能得到恢复。

护林员的"直接减少"行动一直持续到20世纪60年代初。一般选择在黄石公园的北部冬季草场和拉玛河谷。他们使用强火力射击麋鹿，然后马队迅速拖运尸体到印第安人保留地以防止腐烂。从1934年到1967年，共有67440只麋鹿从公园的北部地区被清除，其中，护林员射杀13573只，猎手射杀41400只，运出公园的有

---

① See elk reduction files, boxes N – 64 to N – 67, N – 70, NAYNP.

② V. H. Cahalane, "wildlife Surpluses in the National Parks," *Transactions of the North American Wildlife Conference* 6 (1941): 355 – 61; Cahalane, "Elk Management and Herd Regulation—Yellowstone National Park," *Transactions of the North American Wildlife Conference* 8 (1943), pp. 95—101.

6700 只, 死于恶劣天气和冬季食物短缺的 5541 只。^① 这个数据表明, 蒙大拿猎手的捕获量大大超出护林员的直接减少行动。20 世纪 30 年代到 50 年代, 猎手们和运动旅行商反对"直接减少"行动, 到 60 年代早期"直接减少"行动引发了人们的强烈不满而陷入舆论旋涡。

第三节　恢复熊的自然数量

一　穆里对熊的研究与管理建议

20 世纪 30 年代到 40 年代, 人熊冲突不断加剧。从 1931 年到 1941 年, 由于熊的攻击, 黄石公园每年有 59 起伤害事件, 74 起财产破坏事件。大约每 6336 名游客中, 就有 1 人遭遇伤害; 每 5052 名游客中就有 1 人遭遇财产损失。1941 年, 82 起伤者仅仅做简单治疗即可, 但有 8 人却需要接受手术。控制措施年年实行, 一些熊被诱捕送往偏远地区, 但如同拉什预测, 有一些又折回来了。公园管理者使用强力手段对付这些"累犯"。1931 年至 1941 年, 年均 25 只黑熊被护林员屠杀。为保护游客, 灰熊也遭到屠杀^②。

1941 年, 开始对游客实施教育行动, 具体由博物学者实施。同时, 公园管理局在当年旅游季节还关闭了黄石大峡谷旅游区的熊表演。

1942 年, 再次发生了严重的熊致人伤亡事件, 于是管理方加强了控制行动, 其结果是 81 头黑熊被屠杀。这一事件引发公众不满, 舆论对公园的熊管理政策形成了很大压力。同年 12 月, 德鲁里决定停止所有的熊喂养和熊表演, 并认为这都是"不自然的喂养"。

---

① Yellowstone National Park, "A Cooperative Management Plan for the Northern Yellowstone Elk Herd and Its Habitat," 1967, file "Elk Management Program 1967," box N‒70, NAYNP.

② Memo YNP superintendent to director, November 15, 1941, 2, box N‒52, NAYNP.

1943 年，首次关闭了一个灰熊喂养点。1942 年，奥洛斯·穆里受渔业与野生动物局派遣前往黄石公园展开熊问题的调查。

穆里对公园中的人熊关系进行观察并展开研究，他得出几点认识并提出相应的建议：

第一，人熊关系已经发生了根本变化，熊对人类已经不再有恐惧感，同样，人把熊视为一种娱乐。媒体不再把灰熊描述为生活在荒野环境中的野生动物，而是 "一个有着浪漫气息的'拦路劫匪'，正向过往汽车行乞"①。穆里观察到：许多人觉得，能与熊在一起嬉戏是一种冒险的享受。穆里说，"我观察到，人们靠近熊，带着我们都能体会到的恐惧和快乐心情，然后又急切地跑进他们的小旅馆。他们一路上互相招呼，骄傲地叙述他们对熊最新的探索，例如，引诱一头熊进入旅馆小木屋，逗熊走近并喂食肉给熊，或者抚摸它们。我坦承，如果我们不带偏见的话，这种经历的确令人激动"。

第二，人类为熊提供的食物对熊并不重要。穆里针对如下问题开展了研究，即，没有人类在垃圾场或者路边提供的食物，熊能生存吗？穆里分析了 243 份熊的排泄物，他发现，黄石熊是食草动物。在黄石熊的食物占比中，81% 是草类，9% 是昆虫及其残骸，哺乳动物仅占 2%。从食物来源看，自然食物共占比 92%，而垃圾场提供的食物仅仅占比 6%。所以，穆里认为，"熊并不需要垃圾场的人类食物垃圾来维持生命"。但是它们有 "食肉动物的口味，故当肉食机会出现时，它们就会沉溺其中，而恰恰垃圾场的食物容易获取"②。所以，穆里认为正确的做法是让熊无法获得垃圾场的食物。在这种指导思想下，公园设计了防熊垃圾装置，使得熊无法轻

---

① Olaus J. Murie, "Progress Report on the Yellowstone Bear Study," Summer 1943, 2, box Ⅰ, Adolph Murie Collection, AHC.

② Olaus J. Murie, "Progress Report on the Yellowstone Bear Study," Summer 1943, 2, box Ⅱ, Adolph Murie Collection, AHC.

易获得人类丢弃的食物。

第三，穆里提出，环绕着钓鱼桥扎上栅栏可能会减少人熊冲突。其实，早就有游客为了保护自身，在帐篷周围围上充电的电线以防备熊的骚扰。在钓鱼桥建设更大的栅栏原理是一样的。穆里的建议是，栅栏从钓鱼桥东部起始，向北穿过森林，再往西延伸把焚烧地和旧的垃圾倾倒点围于其中，然后向南到达黄石湖岸边。对于这一建议，穆里自己也有着矛盾的认识。一方面，在穆里看来，钓鱼桥作为一个真正的自然小镇已经完全商业化了，失去了自然景观应有的美丽。在这种背景下，钓鱼桥景区扎上栅栏就算不上侵入自然环境了；另一方面，他很清楚自然环境中扎栅栏本身就意味着人工干预自然风景。

一些人担忧，这形同于在国家公园里打入了一个楔子，最终公园里的所有地方都将套上栅栏。然而，公园管理局的地区管理局长梅里安姆（Lawrence C. Merriam）认为这一建议确实可以保护游客，但他又认为，这个方案价格昂贵，并且"无论栅栏扎在哪儿，都将制造出一个动物园似的景象"[1]。黄石公园管理主任罗杰斯支持穆里建造栅栏的建议，并于 1946 年正式提出在钓鱼桥建造栅栏的建议，但公园管理局考虑到费用高昂，该项目也没有真正实施。

第四，穆里揭示喂养熊和熊表演改变了熊的生活习性。灰熊的天性本是夜间活动，惯于在森林里过隐居生活。但是灰熊的饮食习惯改变导致了"它的自然习性与自然反应功能被破坏，也改变了动物区系中的一种重要动物的分布，而这恰好正是我们要保护的原始特征和价值"。穆里致信给德鲁里说，"国家公园不仅仅是一种责任，而且也是一个机会，它保存自然的动物区系，既为普通大众提供了享受机会，也为自然爱好者和博物学者提供了学习研究的机

---

① Memo L. C. Merriam to the director, April 22, 1943, box N – 52, NAYNP.

会。""自然饮食习性、环境应激、自然分布等都受相关动植物区系、季节性气候影响,生态故事就是由诸如灰熊这样的动物娓娓道来的。"他进一步指出,"为了人类的嗜好而获得一种艺术的表演和满足,这就破坏了一种在美国本已经十分稀少的动物的价值,实在是人类的不幸"①。这也并不是"联邦政府要促进的功能或联邦政府鼓励的对野生动物的娱乐形式"②。

穆里的建议并没有完全体现在熊的管理政策中,不过这也与穆里没有提出真正可供操作的具体方案有关。但他的保护理念已经在黄石公园管理政策中有所体现了。20 世纪 40 年代,由国家公园管理局出版的《国家公园的野生动物环境》发行了几次,其中提到,"每一个物种应该在未受到协助的情况下为生存斗争",当然这一条的前提条件是该物种在西部没有灭绝的危险。更为重要的是,公园管理局建议"公园的动物生命给大众呈现的应该完全处于自然环境之下"③。这表明管理方已经认识到野生动物生存在自然环境下的合理性。

二　关于国家公园理念的争论

前国家公园管理局局长奥尔布赖特始终坚持"旅游导向"黄石公园发展方向,并且他一直对公园事务保持着一定影响力,但他的这一思想与此时的管理部门思想并不一致。1944 年,奥尔布赖特多次谈到熊的管理问题,他认为穆里根本就提不出有效解决熊问题的办法。④ 他还认为,关闭垃圾场喂养点的后果无法预知,猎人在公

---

① Olaus J. Murie to Newton B. Drury, December 27, 1945, file " Bears," box 2, Olaus Murie Collection, DPL.

② Olaus J. Murie, "Report on Study of Bears in Yellowstone National Park for the Summer of 1944," 4, box Ⅰ, Adolph Murie Collection, AHC.

③ Yellowstone National Park, "Circular No. 9," June 14, 1946, box N‐52, NAYNP.

④ Albright to Drury, September 7, 1944, file "Bison‐YNP," box 25, entry 19, RG 79, NACP.

园外对熊的猎杀影响了熊的数量增长。① 据此可以判断奥尔布赖特的基本观点是，熊当前的生存状态是安全的，无须改变当前的熊管理政策。然而，时任公园管理局局长德鲁里并不认同奥尔布赖特的建议，他采取了清除黄石大峡谷喂养点相关设施的措施。

此时，一批科学家们对德鲁里的做法表示了支持。密苏里大学动物学教授拉多夫·班尼特（Rudolf Bennitt）告知德鲁里，"在我看来，一开始公园就在一个大的自然区里使用人工方式对待任何野生动物物种，也许这更适合圣路易斯动物园"②。密歇根大学脊椎动物生物学实验室主任李·R. 戴斯（Lee R. Dice）认为熊表演背离了熊这个物种本来的特征。③ 伯克利的动物学教授特雷西·I. 斯托勒（Tracy I. Storer）明确表示，正是熊表演才导致了人与熊的扭曲关系。④ 欧柏林学院（Oberlin College）植物学教授、植物生态学内布拉斯卡学派创立者之一保罗·希尔斯（Paul B. Sears）认为，熊的喂养与其他对自然的干预一样，只会阻止情况向好的方向发展。其中，戴斯还专门从自然平衡视角对熊表演进行了抨击，认为人工食物补给破坏了自然平衡，国家公园应尽可能地免于人类干预而让自然自身建立自然平衡。⑤

还有科学家从国家公园创建目的出发，对熊的人工喂养进行了批评，这有力地支持了德鲁里。1946年，约瑟夫·狄克森与渔业和野生动物局共同声称，熊表演背离了国家公园管理局的基本原则。

① Albright to Drury, July 19, 1944, file"Bison-YNP," box 25, entry 19, RG 79, NACP.
② "Excerpts of Comments on the Abolition of 'Bear Show' in Yellowstone National Park," January 5, 1946, p.1, file "Yellowstone," box 26, entry 19, RG 79, NACP.
③ "Excerpts of Comments on the Abolition of 'Bear Show' in Yellowstone National Park," January 5, 1946, p.2, file "Yellowstone," box 26, entry 19, RG 79, NACP.
④ "Excerpts of Comments on the Abolition of 'Bear Show' in Yellowstone National Park," January 5, 1946, p.6, file "Yellowstone," box 26, entry 19, RG 79, NACP.
⑤ "Excerpts of Comments on the Abolition of 'Bear Show' in Yellowstone National Park," January 5, 1946, p.2, file "Yellowstone," box 26, entry 19, RG 79, NACP.

美国生态协会动植物群落研究委员会主席查尔斯·肯迪（S. Charles Kendeigh）也坚决反对熊表演，他提出，尽管熊表演受到群众欢迎，但是"这不符合国家公园的目的，国家公园理应是动植物群落生存没有受到干扰的环境"。

环保组织荒野协会也支持德鲁里，而荒野协会本身也有科学家的身影。荒野协会（the Wilderness Society）是由鲍勃·马歇尔、罗伯特·斯特林·亚德（Robert Sterling Yard）、霍华德·扎利泽（Howard Zahniser）、奥洛斯·穆里等人发起创建的。1943年，时任荒野协会主席的亚德与德鲁里建立了通信联系，协会秘书扎利泽也与德鲁里保持着联系。德鲁里非常愿意与他们交流有关荒野保存的话题。针对协会提出的在国家公园中保存荒野的建议，德鲁里提出，在国家公园的创建中，公园面积不是足够大，真正荒野区域往往没有被纳入新创建的国家公园之中。他对"国家公园是专门用来保护自然资源的"观点表示反对，但赞成国家公园是用来保护自然环境的思想。他指出，保存国家公园原始内在品质比简单的"特有主题"保存更困难。①

对德鲁里的支持演变成了一场荒野运动。这也获得了动物学家们的支持。美国哺乳动物家协会（the American Society of Mammalogists）在1946年表示赞成荒野保存运动，他们还特别警告余下的荒野地区正遭受着文明的践踏。他们还明确反对在荒野地区开展猎物生产活动。野生动物协会（the Wildlife Society）是一个野生动物管理者和野生动物生态学家的专业团体，他们与前述哺乳动物家协会一样，反对在自然保护区内进行猎物生产活动。

1951年德鲁里离任，新任公园管理局局长沃斯发起"使命66"的国家公园建设运动。此时，荒野保存运动反过来批评公园管理局

① Drury to Yard, January 7, 1943, file "Wilderness Society," box 25, entry 19, RG 79, NACP.

的管理。奥洛斯·穆里从美国渔业与野生动物局退休后，于1945年到1957年间担任荒野协会会长。[①] 1950年冬天，穆里写信给荒野协会董事弗雷德里克·奥姆斯特德（Frederick Law Olmsted），"我们必须做一些彻底的（哲学上的）工程，运用'自我维持'的概念和安排。荒野要实现'自我维持'存在很多问题，并且这些问题有历史根源"。穆里把批评的矛头指向了公园以满足游客为目的的建设，他指出，由于公园为了满足游客的食宿需求，于是就开始大兴土木，为此聘用的工作人员也与建设相关。他批评景观建造师，在给游客提供了必须设施同时，也"伤害了对荒野各要素的保护，而创造荒野正是我们的国家公园建立的基本目的"。穆里并不反对人们进入国家公园参观，甚至也不抱怨大量游客进入国家公园，但他警告，公园应该谨慎发展，避免滑向假日杂志户外运动的概念。[②]

穆里高度评价德鲁里，称他是一位"深切领悟和相信国家公园初始目的"的公园管理局局长。在穆里看来，国家公园的一些工作人员并不都理解或者赞同国家公园的价值，而博物学家是能把公园展示给大众的重要人员，他们既展现公园的娱乐一面，也向大众讲授国家公园和荒野的原则。穆里认为，国家公园管理局注重国家公园的美学价值，管理员应深刻地理解并能把这一原则应用于管理工作中。而荒野协会的工作就是鼓励"荒野政策在国家公园中运行"，荒野政策强调荒野的保存，而非自然保护区的开发利用。[③]

如果将20世纪20年代与40、50年代科学家的作用进行一个

---

① Peter Wild, *Pioneer Conservationists of Western America*, Missoula MT: Mountain Press, 1979, 113-30.

② Joseph Sax, *Mountains without Handrails: Reflects on the National Parks*, Mich.: The University of Michigan Press, 1980, pp. 10-15, 79-90.

③ Olaus Murie to Frederick Law Olmsted, January 16, 1950, pp. 4, 5, the "Policy in Parks," box 3, A dolph Murie Collection, AHC.

比较，我们就能清晰地发现科学家影响力的不断扩大。20 世纪 20 年代亚当斯等一批生态学家呼吁要"保存原初自然"，使人们对国家公园理念有了新的含义，国家公园管理局也顺应形势成立了专门的野生动物管理部门，但效果有限；到了 20 世纪 40、50 年代，不同领域的科学家们能够与在任公园管理局互相支持，共同反对来自外部的压力，他们渴望构建一个真正自然的国家公园。可见，保存自然环境不再是一时的时尚，而逐渐被科学界广泛认可，并为管理部门所接受，虽然他们之间在具体保护方式上有分歧。

三　克莱海德兄弟与灰熊管理争议

1959 年，克莱海德兄弟俩开始在黄石公园从事"灰熊生态学研究"。这项研究得到蒙大拿大学蒙大拿野生动物合作研究中心的协作（Montana Cooperative Wildlife Research Unit at the University of Montana），该中心的负责人是约翰·克莱海德。相比麋鹿、郊狼等动物，熊的科学研究比较匮乏，兄弟俩的研究是一项将持续六年的雄心勃勃的计划，研究内容包括熊的数量动力学研究、详尽的自然史资料、栖息地特征、生活习性、疾病状况等。

然而，到 1965 年，即研究工作的第六年，约翰·克莱海德与黄石公园管理主任瓦特·吉达姆斯（Walt Kittams）因研究合同细节发生争论。在约翰·克莱海德看来，公园管理方把他们视为"科学研究的新手"，由此要求"必须把每一项管制都写进合同中"，以防止他们藏匿资料或者曲解研究成果。[①] 而此时国家公园管理局也加强了对克莱海德兄弟俩的约束。这造成双方的争论越来越激烈，一时成为舆论焦点。

究其原因，是因为公园管理方的管理方式与科学家在黄石公园

---

① John Craighead to John McLaughlin, June 28, 1965, file "Craighead," box N – 91, NAP-NP.

的科学研究活动方式之间的内在分歧。20世纪50年代是美国科学大发展的时代，美国人尊奉科学为时代发展的巨大推动力，科学家的研究领域也大大拓展。到60年代，环境问题成为全社会的关注热点，而日益稀少的荒野也成为人们关注的对象，特别是1964年《荒野法》的通过，更激发了人们对荒野的兴趣。在这种背景下，前往黄石公园从事研究的科学家渐渐增多，这引起了黄石公园管理层的不安，他们认为科学家的活动将会影响公园的管理。在马匹的使用费用、住宿、汽油使用程序等方面，甚至防熊垃圾桶的安置与否都会引发科学家与管理层之间的争执。

对于克莱海德兄弟而言，他们认为，管理者侵犯了他们作为独立研究者的特权。兄弟俩常常抽出时间教护林员应付熊的方法，包括使用强力药剂促使熊镇静并捕获熊，给熊称重并释放熊等一些技巧。令他们更为不满的是他们会在深夜协助抓捕营地附近的"问题灰熊"，这是"最危险和最棘手的任务"[1]。频繁参与这类工作使他们对管理方产生不满。

双方的重大分歧在于对科研管理的不同认识。国家公园管理局要求兄弟俩把研究的详细计划列举出来并上报管理部门，约翰·克莱海德认为这将产生"不用任何致谢而将研究成果据为己有"的严重后果。[2]国家公园研究专家普理查德认为这是双方冲突的根源。[3]克莱海德并非拒绝把研究数据提供给公园管理局，而是认为把研究成果呈送管理方写入双方签订的合同中是对研究者的不尊重，在他看来，研究者把数据提供给公园管理局时应该获得应有的尊重。

1967年，双方关系进一步恶化。这一年，杰克·安德森任职黄

---

① Thomas McNamee, The Grizzly Bear, 2nd ed., New York: Penguin, 1990, p. 103.

② John Craighead to John McLaughlin, June 28, 1965, box N - 91, NAYNP.

③ James A. Pritchard, *Preserving Yellowstone's Natural Conditions: Science and the Perception of Nature*, Lincoln: University of Nebraska Press, 1999, p. 240.

石公园管理主任，他聘请格兰·科尔（Glen Cole）为首席研究型生物学家。科尔、克莱海德兄弟都个性鲜明，作为公园首席生物学家，科尔从不为了平衡关系而迁就他人；而克莱海德兄弟也不重视与之处理好关系。双方除了在住宿等生活琐碎问题上发生摩擦以外，最主要的冲突是关于研究方法的分歧。为了长期跟踪调查灰熊的生活习性，获得准确的科学数据，克莱海德兄弟在一些熊身上戴上了颜色各异的耳标标识和无线电项圈，这种方法是野生动物研究重要的并大量使用的研究方法。实践证明，他们的研究方法能获得关于灰熊栖息地不同季节的使用情况、数量估算相关的科学数据，但是，这与国家公园管理局的管理目标相矛盾。正如安德森所说："公园野生动物身上的显著标记已经妨碍了公园风景，破坏了野生动物观赏所蕴涵的审美价值。"[1] 一些科学家也表达对克莱海德兄弟做法的反对，阿道夫·穆里在 1962 年表达了麦金利山国家公园标记熊不必要的看法，他认为，熊的标记"特别有损于公园审美，会降低整个公园的审美标准"。他甚至认为，垃圾场脏兮兮的熊也比标识了的熊观感要好[2]。

双方冲突升级的另一个导火线是克莱海德兄弟公开批评公园的灰熊管理政策。他们向媒体公开批评黄石公园的灰熊管理政策不仅保护不了灰熊，反而是对灰熊的伤害。《纽约时报》《华盛顿邮报》都报道了克莱海德兄弟的批评，并把他们视为灰熊的守护神。西部民众一向对公共土地问题有着深切的关注，这一指责引起了西部民众的深深忧虑，舆论非常不利于国家公园管理局。这一事件进一步动摇了双方本就脆弱的信任。在这种情况下，国家公园管理局更不重视克莱海德兄弟的科学数据。

_____

① James A. Pritchard, *Preserving Yellowstone's Natural Conditions: Science and the Perception of Nature*, Lincoln: University of Nebraska Press, 1999, p. 241.

② James A. Pritchard, *Preserving Yellowstone's Natural Conditions: Science and the Perception of Nature*, Lincoln: University of Nebraska Press, 1999, pp. 241 –242.

1967年，克莱海德兄弟发布了题为"黄石国家公园中的灰熊管理"的报告，希望能给管理方提供管理建议。研究报告在列举大量数据的基础上，得出结论：灰熊并非黄石独有的"黄石熊"，它们的活动范围不局限于黄石公园内，而是占据着更大的区域，漫游到更远的距离，包括周边的国家森林。由此，报告给出几点建议：第一，制定统一的地区管理计划，以统一各个管理机构的管理活动；第二，制定公园分区管理计划，限制人们进入特定区域，这既可确保野生动物的数量稳定，也可保证高效地操纵和控制野生动物的数量；第三，建议逐步关闭垃圾场，不赞成迅速关闭垃圾场。

这份报告具有重要意义，促进了熊管理记录体系的系统化，提高了游客的灰熊保护意识，有助于科学家进入公园开展科学研究。[1]这份报告特别指出，由于灰熊的活动范围超出了黄石公园，所以他提出"应在公园外的更大区域保护灰熊"的建议。这份报告引发了一些争议。公园管理局代理首席科学家罗伯特·M. 林恩（Robert M. Linn）认同该建议，但是他并不赞同兄弟俩提出的"逐步关闭垃圾场"的建议，因为这仍然不能解决熊依赖人类食物的陋习。

双方的分歧反映出他们对公园生态系统认知上的根本差异。克莱海德兄弟认为，公园应该保存前哥伦布时代的自然条件，为此，应该增加灰熊数量来恢复过去的数量。[2]林恩则认为，增加灰熊数量的建议是不科学的，真正的保存思想应该是"保存自然数量"，他认为，公园的目的应该是"维持或者恢复自然生态系统"[3]。

黄石公园首席博物学家约翰·古德（John Good）与林恩的上述观点一致，但他还进一步考虑到野生动物背后涉及的利益关系，

---

① Schullery, Bear of Yellowstone, pp. 117 – 122.

② James A. Pritchard, *Preserving Yellowstone's Natural Conditions：Science and the Perception of Nature*, Lincoln：University of Nebraska Press, 1999, p. 244.

③ Memo Robert M. Linn to Joseph P. Linduska [associate director Bureau of Sport Fisheries and Wildlife], May 21, 1968, box N – 36, NAYNP.

特别是猎手的利益。他认为，如果黄石公园的管理促使灰熊数量持续增加，那么邻近州也会随之调整他们对灰熊的狩猎政策，这意味着为猎手生产猎物。他说："我们将永远不会摆脱温床式的管理方法。"①

由于克莱海德兄弟俩与管理层的争端已经公开化了，所以科学杂志不愿意卷入纷争。《生物科学》（*Bio Science*）主任编辑约翰·S. 戈特沙尔特（John S. Gottschalk）认为，他们的科学报告不应该使用"挑逗性"的词汇和短语，他还认为科学报告没有建立在严格的数据基础上。

内政部自然科学顾问委员会对克莱海德报告也持有不同观点。1969 年秋天，内政部组成了自然科学顾问委员会，主要成员有奥尔多·斯图尔特·利奥波德、斯坦利·凯恩、查尔斯·奥姆斯特德等人。他们在黄石公园召开会议，汇集并分析了克莱海德兄弟和公园生物学家的意见，在此基础上，他们认为，过去动物数量的预测不是依据科学数据得出来的，而是判断的结果。委员会反复重申，灰熊管理的目标之一应该是以小的人类干预鼓励熊生活在自然状态中。② 他们也赞同人类干预，但目的是让熊生活在自然状态中。

1968 年起，黄石公园开始关闭垃圾场。1969 年、1970 年，黄石公园先后关闭野兔溪垃圾场、鳟鱼溪垃圾场，这样公园的人工灰熊喂养点全部关闭。然而，恰好这几年灰熊死亡数量较多，1970年、1971 年、1972 年这三年，已确认的灰熊死亡总数（只）分别是 43、39、24，其中由管理行动引起的死亡或移出公园的灰熊数量分别是 20、6、9。③ 这在一定程度上验证了克莱海德兄弟的预言，

---

① Memo Robert M. Linn to Joseph P. Linduska, May 21, 1968, box N‑36, NAYNP.

② Paul Schullery, *The Bears of Yellowstone*, Worland: High Plains Publishing Company, 1992, pp. 127 - 128.

③ Paul Schullery, *The Bears of Yellowstone*, Worland: High Plains Publishing Company, 1992, p. 291.

即过快断绝人类喂养，会导致灰熊无法适应自然状态，从而造成较多灰熊的非正常死亡。

垃圾场关闭之争尚未平息，关于数量估算和数量趋势预测的争论声又成为人们关注的焦点。面临争论，内政部要求美国国家科学院组成一个由生态学家伊恩·麦克塔格特·考恩（Ian McTaggert Cowan）担任主席的委员会进行协调。该委员会在严格的调查研究基础上发布了一份报告，认为公园灰熊数量在持续下降，黄石公园对数量的估算没有数据支撑，更未能将过去十年的数据和克莱海德兄弟的研究结论考虑进去。有学者称考恩报告是对"克莱海德兄弟几乎彻底的支持"①。

由于美国国家科学院报告的独立性以及对灰熊数量减少的担忧，1971年后控制行动的明显减少，跨机构灰熊研究团队开始成立，灰熊数量的争论渐渐平息下去。

第四节　卡哈兰和野牛的"人工劣汰"

一　以"承载力"为基础的人工劣汰

随着野牛数量的恢复和增长，公园管理局开始执行控制野牛数量的政策。护林员巴克利提出，冬季北部草场野牛数量不得超过800头。他认为这个数量与公园其他动物才能保持更好的平衡，所以有必要减少剩余动物。②

在奥尔布赖特支持下，1934年乔治·怀特与本·汤普森撰写《国家公园中的大型哺乳动物现状调查》（Report on the Current Status of Large Mammals in the National Parks）。调查报告指出，"野牛

---

① Thomas McNamee, The Grizzly Bear, 2nd ed. , New York：Penguin, 1990, p. 120.

② George Baggley, "Suggested Plan of Management for the Yellowstone Buffalo Herd," 17 January 1934, YNPA.

在公园动物中一直处于独特位置，为了防止它的灭绝，管理者进行了深入管理。既然它们的生存已能得到保障，那么野牛管理计划就应该作出激进的改变"。他们认为，靠人类指挥一个群体命运的时代已经结束，新的时代已经开始了，那将是"让野牛返回到荒野环境"的时代。① 他们提出，拉玛山谷野牛的性别比例应该维持在大约 1：1，为此必须采取必要行动：必须屠杀剩余的动物；必须进行适当的冬季喂养；必须开展疾病的预防与治疗。他们相信，这样的管理方案能得以实施，美国将重现野生野牛群体。但是，令人遗憾的是，他们并没有提出"野生"与"非野生"野牛群体的区分标准。

报告有一个很重要的变化，那就是他们不再使用"好的"和"坏的"这种词语来区分野生动物物种，但他们仍然以"罪犯"或者"残疾"来谈论那些不符合人类行为标准的动物个体。

此时，野牛管理依然是以满足游客娱乐为目的。猛犸热泉附近、羚羊溪流附近都建有野牛畜栏，以供游客观赏。精选政策继续由护林员执行。

早期野生动物数量估计的精确性很难保证，20 世纪 30 年代要准确评估栖息地生态下降的程度也很难。通常人们从审美的角度而不是从计量的角度作出评估，而长期数据获取不到制约了对栖息地生态的科学评估。等到野生动物生态学和草场管理成为专门化的学科后，美国大部分本土草地系统已经因畜牧业而被改变或替代。在主流的草场管理信条下，草场必然出现野生动物过多，植物被过度啃食的现象。黄石公园北部草场管理也奉行当时的草场管理原则，即麋鹿繁殖率尽可能保持稳定，死亡率缩小到最小。

1936 年，罗杰斯（Edmund Burrell Rogers）担任黄石公园管理

---

① George M. Wright an Ben H. Thompson, *Wildlife Management in the National Parks*, *Fauna Series no.* 2, Washington, D. C.：Government Printing Office, 1934, p. 59.

主任，任职长达20年。在他任内，游客增加了3倍，然而游客设施却老化严重。在罗杰斯任内，野牛政策除了继续执行定期精选政策外，还采取了野牛的重新安置措施。拉玛山谷有71头野牛被运送到海登山谷和喷泉平地。这些地方原本就是野牛冬季草场。但是野牛的重新安置并非出于"恢复生态系统"的考量。正如罗杰斯所说："这是把野牛分散在更宽广草场的一次尝试，为公园游客观赏到荒野中自由自在的野牛提供了更多机会"①。"从观赏畜栏中获得自由对黄石野牛来说只是进步了一小步，但就黄石野牛的管理而言则是进步了一大步。"②

1939年拉玛山谷地区护林员骑马围拢野牛以精选的做法也废止了，护林员开始使用干草引诱野牛进入畜栏。这一做法与1932年野生动物处的做法如出一辙。

1939年国家公园管理局官方正式发布"结束野生动物的人工喂养"的政策。"每一物种应该在无外来帮助下为生存而展开持续斗争，这是对物种最大的、最彻底的帮助。除非有真正的理由令人相信：如果不施以人类干预该物种就将灭绝。"③这一政策遭到了野生动物学家丹尼尔·比尔德（Daniel Beard，后来先后担任大沼泽地国家公园、奥林匹克国家公园管理主任）的反对，他在1940年的一份报告中指出，"美国'最野生的'兽群目前在黄石公园，它们本应该生活在原始环境中，但实际情况并非如此。我猜想，既然这些物种已经被拯救过，那么我们应该在联邦土地上保持它们的半

---

① Mary Ann Franke, *Save the Wild Bison*：*Life on the Edge in Yellowstone*, Norman：University of Oklahoma Press, 2005, p. 81.

② Mary Ann Franke, *Save the Wild Bison*：*Life on the Edge in Yellowstone*, Norman：University of Oklahoma Press, 2005, p. 82.

③ Wayne B. Alcorn, "History of the Bison in Yellowstone Park," Supp. 1942—1951, YNPL vertical files, 1.

驯化状态以维持它们的生存"①。比尔德的反对根本不起作用，1944年卡哈兰指出，1943年冬季，黄石公园中的野牛数量达到964头，在没有人工喂养的情况下，公园内越冬的野牛数量持续增长。这个事实表明拉玛兽群的"家养膳食的习惯"正在减弱。②

　　然而，最为迫在眉睫的问题是野牛数量过多，要将有蹄动物的数量控制在草场的承载力范围内，就必须人工限制它们的数量。

　　传统的承载力计算方法是由畜牧业管理者提出的，计算得出的草场供养的动物数量，须满足持续的最高经济回报。显然，这与生态学意义的承载力概念完全不同。生态学的承载力强调，在人类干预的条件下草场能养活的动物数量。③ 于是公园护林员鲁道夫·格里姆（Rudolph Grimm）利用拉什的数据和麋鹿的饮食习惯来测算北部草场能承载的野牛数量。按照北部草场145437英亩计算，得出北部草场的承载力是7756头麋鹿。进一步考虑其他有蹄动物可能超出正常食量，他把这个数字减少到7059头。他又根据野牛的消耗量是麋鹿的1.5倍。认为北部草场的野牛数量只应有245头。④按照这一推算，黄石公园要大幅减少野牛数量。国家公园管理局长牛顿·德鲁里（Newton Drury）也支持人工减少野牛数量，他认为只有这样，"野牛才能尽快地恢复到自我维持生命的状态"⑤。为此，国家公园管理局就减少拉玛野牛群形成了一致意见，但是在减少的具体数量方面管理局内部意见又不一致。

---

① Daniel B. Beard, "Bison Management in Yellowstone National Park," U. S. Fish and Wildlife Service, 10 December 1940, YNPL vertical files.

② Victor H. Cahalane, "Buffalo: Wild or Tame?" *American Forests*, unpaginated reprint, American Forestry Association, Washington, D. C., October 1944, YNPL vertical files.

③ Michael B. Coughenour and Francis J. Singer, "History of the Concept of Overgrazing in Yellowstone," in *Effects of Grazing by Wild Ungulates in Yellowstone National Park*, ed. Frances J. Singer, Yellowstone Park Technical Report, 1996, pp. 1 – 12.

④ Rudolph Grimm, "Northern Yellowstone Winter Range Studies," *Journal of Wildlife Management* 3, no. 4 (1939), pp. 295 – 306.

⑤ Pritchard, *Preserving Yellowstone's Natural Conditions*, p. 179.

1942 年，德鲁里在没有详细计算的情况下草率发布命令：将拉玛山谷野牛减少 200 头。实际屠杀 193 头，活物运出 17 头。

1943 年经测算冬季野牛数量达到 964 头，这促使德鲁里下决心接受关于承载力的观点：北部草场野牛数量应约 350 头；公园其余地区应约 300 头。为实现这个目标，拉玛山谷运出了野牛 405 头，该区域的野牛兽群只剩下 352 头了。① 德鲁里还发布命令，停止使用羚羊小溪的围栏草场。他还打算拆除野牛牧场的建筑和灌溉系统，因为这些与国家公园不相适应。

野牛管理的变化和北部麋鹿群的减少措施引发了公园附近社区和运动员团体的抗议。但是，国家公园管理局首席生物学家维克多·卡哈兰（Victor Cahalane）坚定捍卫这一政策。他声称，"这些措施征求了 100 名全国知名科学家的意见，他们几乎一致地表达赞同意见"②。他还认为："为恢复已经恶化的草场环境，就要实施激进的野牛群减少措施，这也完全是一次试验。"同时，他还认为，目前的公园政策并不是为了实现某一特定野生动物物种的繁殖与生长，而是"维持多个物种之间的恰当平衡或比例"③。

二　卡哈兰与奥尔布赖特的分歧

奥尔布赖特是国家公园管理局第二任局长，1933 年他卸任局长一职，但他依然对公园事务有着很大的影响力。④ 据奥洛斯·穆里说，黄石公园一部分管理人员是因为对奥尔布赖特的忠诚才占据相

① Mary Ann Franke, *To Save the Wild Bison*: *Life on the Edge in Yellowstone*, Norman: University of Oklahoma Press, 2005, p. 84.

② Victor H. Cahalane, "Buffalo: Wild or Tame?" *American Forests*, unpaginated reprint, American Forestry Association, Washington, D. C., October 1944, YNPL vertical files.

③ Absaroka Conservation Committee, minutes of meeting, May 6 – 7, 1944, box N – 25, 4, NAYNP.

④ James A. Pritchard, *Preserving Yellowstone's Natural Conditions*: *Science and the Perception of Nature*, Lincoln: University of Nebraska Press, 1999, p. 179.

关岗位的。①

对于卡哈兰把拉玛河谷野牛置于自然环境中的观念，奥尔布赖特表示反对，他认为：在近似自然环境下野牛数量是无法有效控制的；野牛应该在主要道路附近活动，以便游客容易且安全地观赏。②

1943 年末 1944 年初，奥尔布赖特发起了一项运动，以阻止德鲁里实施清除野牛牧场、停止任何形式的熊喂养并清除相关设施，以及清除圈养野生动物等一系列计划。奥尔布赖特还反对野牛减少计划。奥尔布赖特认为，公园实施减少计划应该与拉玛河谷有利益诉求的团体进行协商，例如美国野牛协会（the American Bison Society）和篝火俱乐部（the Camp Fire Club）。他还认为公园根本没有理由减少野牛数量，他说，"毕竟，野牛也是牛!"③ 他认为："拉玛河谷没有，也从来没有过度放牧的问题。""过去，野牛每年沿着黄石河迁徙是一种自然行为，现在它们却在穿过边界时遭遇到屠杀。"公众有资格享受并观赏野生动物，因此在自然环境中的动物实施小范围的人工喂养是必须的。④

他还认为黄石公园就不具备恢复完美自然条件的基础，他充满忧伤地指出，野牛群减少后，"即使人们在公园里逗留一个星期，都可能没有机会看见一头野生动物"⑤。奥尔布赖特回忆道，在他担任黄石公园管理主任和国家公园管理局局长时，没有任何一位博物学者告诉他有关牧场枯竭的信息。他还深情地回忆起 20 世纪 20 年

① James A. Pritchard, *Preserving Yellowstone's Natural Conditions*: *Science and the Perception of Nature*, Lincoln: University of Nebraska Press, 1999, p. 179.

② Horace M. Albright, "Our National Parks as Wild Life Sanctuaries," *American Forests and Forest Life* 35（August 1929）, p. 536.

③ Albright to Drury, October 29, 1943, file "Bison-YNP," box 25, entry 19, RG 79, NACP.

④ Albright to Drury, February 25, 1944, file "Bison-YNP," box 25, entry 19, RG 79, NACP.

⑤ Horace M. Albright, "The Bison of Yellowstone National Park," *The Backlog*: *A Bulletin of the Campfire Club*, October 1944, pp. 7 – 11.

代乔治·博德·格林内尔观看上千头野牛在拉玛河谷奔跑的壮观景象，并悲叹"野牛奔跑的伟大景象"的丧失。[1]

1944年，奥尔布莱特在《黄石公园的野牛》一文中解释了反对拉玛河谷野牛减少政策和清除野牛围场作法的理由，一是在低纬度山谷，缺少了人工喂养的野牛很难克服冬季积雪或者严酷的暴风雨气候而生存下来，野牛也无法应付疾病的侵入；二是野牛在无法克服冬季严酷气候的情况下，就会越出公园进入城镇农场，从而造成更大的财产破坏。[2]

卡哈兰对此进行了驳斥，他认为："如果把700头健康而充满活力的荒野动物的价值与1200头仰头等着人类提供干草的懒惰野牛相比，显然前者更有价值。人们不会对驯化的野牛感兴趣的!"他认为，人工喂养、围栏已经改变了拉玛兽群的外表和自然特性。他们的力量、活力、坚韧甚至是光滑的外表都因为人类的干预而不复存在。卡哈兰还特意对比了1800年皮毛商人亚历山大·亨利（Alexander Henry）对拉玛兽群的描述，并指出"今日的野牛还是'聪明的、警觉的和灵活的'吗？不，现在它们是粗心的、迟钝的，甚至是愚蠢的"[3]。

德鲁里明确支持卡哈兰的意见，他指出，尽管黄石公园对于野牛而言不是完整的生物单元，对于麋鹿、鹿、叉角羚羊不能提供完整的草场，但公园也不再用干草喂养它们了，或类似人工方法管理它们了。德鲁里还在1943年年末开始寻求生态学家的支持，以顺利实施卡哈兰的计划。威尔福雷德·H.奥斯古德（Wilfred H. Osgood）是芝加哥博物学田野博物馆的已荣誉退休的动物学分馆

---

① Albright to Drury, December 1, 1943, file "Bison-YNP," box 25, entry 19, RG 79, NACP.

② Horace M. Albright, *The Bison of Yellowstone National Park*, The Backlog: A Bulletin of the Campfire Club, October 1944, pp. 7–11.

③ Victor Cahalane, "Buffalo Go Wild," Natural History 53, No. 4 (1944), pp. 148–155.

馆长，他表达了对德鲁里的支持，"在我看来，公园的理念应该就是保持近似自然的环境，这应该是不容置疑的。那种养育野生动物仅仅是为了表演或者满足情感需要的目的可能远离了国家公园的真正目的"。加州大学伯克利分校的脊椎动物博物馆科学家霍尔（E. Raymond Hall）认为，野牛应该减少到1800年的状态，再进一步，狼应该重新引进公园以使公园更加接近原初动物区系状态，这样也能对有蹄动物数量形成抑制。①

认真考察奥尔布赖特与卡哈兰、德鲁里之间的矛盾，会发现他们对野牛问题上的分歧本质在于他们对公园理念的差异。奥尔布赖特依然坚持他在任期间所实施的"旅游导向"的国家公园理念，而作为在任的国家公园管理局局长，德鲁里的思想有着较为鲜明的生态理念。虽然他赞同人工干预野牛数量，但其是为了保存黄石公园的自然条件。

三　布鲁氏病菌与"人工劣汰"

在冬季喂养政策下，疾病的侵扰仍不能阻止拉玛河谷地区野牛的持续增长。1917年，拉玛河谷两头流产的母野牛身上首次发现了布鲁氏菌病。这是一种由流产布鲁氏杆菌（Brucella abortus）引起的病菌，传播途径是口腔接触母牛感染者的奶水或者胞衣。在人类看来，这种疾病以波状热出名，因为感染者会出现断断续续的发烧，类似流感的症状，并且这种症状可能持续数月或者数年。这种病菌尚无确定治疗办法，但可以注射疫苗进行预防。1916年，美国畜牧业卫生协会（the United States Livestock Sanitary Association）成立了一个奶牛传染性流产控制委员会（the Committee on Contagious Abortion in Cattle），专门来控制布鲁氏菌病菌。然而，黄石公园管

---

① "Comments on Lamar Bison," 20, file "Bison," box 2, Olaus Murie Collection, DPL.

理者对这种病菌并不在意，此后13年官方几乎没有提及。1931年对公园麋鹿进行了血清检验，1930年、1931年对公园野牛也进行了血清检验，结果显示超过一半野牛呈血清阳性，但这并不影响野牛的繁殖。因此后面的检验也没有持续。

1941年，黄石公园恢复布鲁氏菌病试验。4名兽医运用多种方法检测了野牛牧场的200头野牛的血液标本。结果表明，三分之一到三分之二的野牛是"反应者或者疑似感染者"[1]。反应者指那些血液中含有布鲁氏菌病抗体的野牛，血清反应呈阴性。疑似者指那些试验结果不确定的动物。从1941年起，只有血清反应阴性的野牛才能活着运出公园。但是，1944年2月清除的400头野牛，仅有3头活着运出公园。血液试验并没有成为野牛被屠杀的决定因素。而简单的办法成为首选，如同卡哈兰指出的，"因为黄石公园希望维护野牛群中最独立、自我维持生命最强的个体，所以在诱捕时不考虑野牛性别或者其他，最先到达喂养点的野牛就被捕获"[2]。

1944年年底，美国兽医医学协会的年度大会发布了一份黄石公园布鲁氏菌病感染野牛的报告。报告指出，血液试验仅仅只能检测出动物抵抗病菌而产生的抗体，而检测不出流产布鲁氏杆菌。如果血液标本所含抗体缺失或者太稀少而无法测试时，携带病菌的动物试验结果可能血清反应呈阴性。而来自感染兽群的无反应者并不能认定为对布鲁氏菌有免疫力，除非它来自一个完全的隔离区。

这份报告使得黄石公园运送活野牛的做法失去了科学基础，于是黄石公园停止了这一做法。为此，美国渔业和野生动物局科学家艾尔林·科特鲁普（Erling R. Quortrup）发布新的调查报告。报告中，科特鲁普对黄石公园的布鲁氏菌病产生的影响轻描淡写，却对

[1]　Erling R. Quortrup, "A Report on Brucellosis Investigations, Yellowstone National Park, December 1 to 20, 1944," YNPL vertical files.

[2]　Victor H. Cahalane, "Restoration of Wild Bison," in Transactions of the Ninth North American Wildlife Conference, Washington, D. C.: American Wildlife Institute, 1944, 9, pp. 135–143.

非感染者的野牛运送出黄石公园表示支持。他认为，曾经接触过野牛腐尸的印第安人或其他人身上根本就没有发现任何波状热的症状，而长期暴露在病菌下，野牛可能已经获得了对布鲁氏菌病的"自然免疫力"，这一点可以通过不多见的野牛流产和稀少的肉眼可见损伤来证明。他认为，"适当的控制方法可以避免公众批评，运送野牛出黄石公园也是可以实施的控制方法"。同时，他支持拉玛野牛群的冬季喂养，以减少野牛离开公园的数量。①

对于科伯恩而言，下一阶段的研究就是考察野牛传染布鲁氏病菌给麋鹿的可能性，但因资金问题而搁浅。

那么，布鲁氏菌病防治对野牛管理发挥了多大作用呢？1947年公园没有野牛被清除，但同年国家公园管理局宣布解除活野牛禁止运出公园的禁令。1948年2月，309头野牛被围栏起来，其中54头非感染者注射了疫苗并运出公园，181头被屠杀，但仅有32头是感染者或疑似感染者。这种做法一直持续到1966年。为了满足野牛减少的目标，感染者以及非感染者和未检测者都被屠杀。因此，"布鲁氏病菌防治对野牛管理的影响是微不足道的"②。弗兰克认为，"不管黄石公园管理人员在消灭野牛的布鲁氏菌病方面多么负责，他们对不减少动物干预的愿望是很微弱的"③。

1949年美国国家卫生部（The National Institutes of Health）布鲁氏病菌专家提出暂停黄石公园和风穴国家公园（Wind Cave National Park）的野牛检测和注射疫苗行动，因为这些行动既困难，花费也大，而周边牧场的牲畜疾病控制又毫无效果。他们还认为，即使布

---

① Erling R. Quortrup, "A Report on Brucellosis Investigations, Yellowstone National Park, December 1 to 20, 1944," YNPL vertical files.

② Mary Ann Franke, *Save the Wild Bison: Life on the Edge in Yellowstone*, Norman: University of Oklahoma Press, 2005, p. 89.

③ Mary Ann Franke, *Save the wild bison: life on the edge in Yellowstone*, Norman: University of Oklahoma Press, 2005, p. 92.

鲁氏病菌从野牛群身上消灭了，疾病从麋鹿或周边牧场的家养牲畜传染给野牛的可能性也存在，那么，"干净的"兽群更有可能出现伴随着大量母牛流产症状的布鲁氏病菌的暴发，如果出现这种情况，那将对野牛生存非常致命。[1]事实上，疫苗的效果也不太理想。1948年黄石公园运送了20头野牛到杰克逊·霍尔野生动物公园，在离开公园之前，它们都被检验并注射疫苗，然而，1963年它们被再次检验时，感染者再次出现了。这种情况在大提顿国家公园同样存在。

从20世纪40年代至60年代黄石公园野牛数量一直没有减少，总体上仍在持续增长，而人工劣汰的方法也一直在使用。

本章小结

20世纪30年代末期到60年代初期，在黄石公园中，野生动物管理的关注点在于野生动物的数量。草原科学家威廉·拉什提出的"自然平衡观"不仅是北部草原麋鹿管理的指导思想，而且也是熊和野牛管理的指导思想。管理者通过人工措施来减少有蹄动物的数量，从而使黄石公园的生态环境不至于因有蹄动物数量过多而失衡。在具体实施过程中，奥尔布赖特与时任国家公园管理局局长发生了激烈的争论，争论的本质是他们对国家公园理念的不同理解。奥尔布莱特依然坚持"旅游导向"的公园理念，而时任管理局局长却有着"保存自然环境"的公园理念，这一理念也得到了当时科学家们的支持。这一时期管理层的公园理念的变化与科学家们长期宣传"保存原始自然"生态思想的努力密不可分。

然而，这一时期也是部分科学家与黄石公园管理层冲突最为激

---

① Dr. B. N. Carle, National Institute of Health, to A. L. Nelson, Fish and Wildlife Service, 14 November 1949, YNPA.

烈的时期。以克莱海德兄弟为代表的科学家并非黄石公园所聘请的科学家，他们在黄石公园中开展科学研究活动的方式、管理建议与黄石公园管理层的管理方式、管理理念并不一致，从而导致双方发生了冲突。这种冲突对于后来公园管理层调整管理方式产生了积极影响。由于公园管理层不得不通过其他科学家来应对克莱海德兄弟为代表的科学家的质疑，所以，从这一视角来看，这种冲突也有利于科学家们在黄石公园的管理中发挥更大的作用。

第四章

环保运动兴起后的生态管理
（20世纪60年代中期至90年代中期）

进入20世纪60、70年代，人类已经意识到环境问题不再是区域性、局部性的问题，而是危机到整个人类生存的重大问题了。现代环保运动发端于美国，随之迅速波及全世界，成为一场影响人类发展的重大运动。为适应这一形势，美国出台了一系列重大环保法案。这些法案对美国政治、经济、社会等各方面产生了巨大冲击，几乎影响了所有的美国联邦机构，包括国家公园管理局。这一时期的科学家获得了参与国家公园管理更有利的条件，科学家也抓住了这一历史机遇，为国家公园管理提供了科学依据和生态思想。同时，管理层也愿意科学家参与国家公园的管理，科学与管理出现了相对良好的互动，促使国家公园的生态产生了转折性的变化。

那么，现代环保运动以及随之出台的环保法案到底为科学家参与国家公园生态管理提供了什么样的有利条件？在科学家影响不断扩大的情况下，国家管理层对科学家的参与和科学家提出的生态理念给予了什么样的回应？在这些生态理念的指导下，黄石公园的保护发生了什么样的重大变化？本章拟对这些问题进行阐述和分析。

第一节   科学家扩大影响的条件

一   环保运动的兴起

在环保运动的历史上，蕾切尔·卡逊是一个标志性人物，她的名著《寂静的春天》于 1962 年出版，成为现代环保运动诞生的标志。该书的矛头指向了化学工业及其生产出来的致命杀虫剂，这引起了化学工业及其同盟的恐慌，他们组织起来进行反击，试图证明卡逊关于杀虫剂的言论是错误的。然而，包括《寂静的春天》在内，卡逊的著作和一系列言论超越了对杀虫剂的指控，她把生态的破坏与当时的社会生产制度联系在一起了，把抨击的矛头指向了社会制度。正如她的编辑、传记作家保罗·布鲁克斯（Paul Brooks）所观察到的那样，"真正恐怖的事情"是卡逊正在质疑整个工业社会对自然界的态度。[①]"正是挑战了现代生产制度全部本质的这些更大范围的生态批判才代表了她最不朽的贡献。"[②] 显然，作为现代环保运动的标志性人物把批判的矛头指向资本主义的生产制度，使得这场运动从一开始就打上了深深的政治印记。

进入 20 世纪以来，世界发生了多起令人类震惊的环境灾难：1930 年比利时的马斯河谷事件，1943 年美国的洛杉矶光化学烟雾事件、1948 年美国多诺拉事件、1952 年英国伦敦的烟雾事件、1953—1956 年日本水俣病事件等。这表明 20 世纪下半期环境问题越来越突出，环境问题也不再是局部的、区域性的问题了，而成为影响人类生存的整体性的、全球性的重大课题了。在严峻形势下，以《寂静的春天》出版为肇始的现代环境运动在美国发展很迅猛，

---

① ［美］约翰·贝拉米·福斯特：《生态革命：与地球和平相处》，刘仁胜、李晶、董慧译，人民出版社 2015 年版，第 66 页。

② ［美］约翰·贝拉米·福斯特：《生态革命：与地球和平相处》，刘仁胜、李晶、董慧译，人民出版社 2015 年版，第 68—69 页。

很快就成为美国人政治生活中的具有相当影响力的事件了。

　　就《寂静的春天》所批判的杀虫剂而言，卡逊的批判以及由此引发的社会舆论压力迫使化工界研究开发高效低毒、并能与环境兼容的新产品。在环保运动压力下，企业界的环保意识提高了，也有了具体的环保举措。环保运动还对美国政治生活产生了重要影响，"环保运动使环境问题从潜在的、边缘的问题变成了在政治舞台上备受瞩目的问题"[①]。这不仅表现为 60 年代末到 70 年代环境立法的高峰，还表现在政治家们利用环保问题取悦选民，以压倒对手。比较典型的例子是吉米·卡特在 1976 年总统选举中极力宣扬环保，这也成为他在总统选举中获胜的原因之一。他的"环保演讲"是这样讲的：

　　　　环境保护不仅仅是一个美学方面的目标，而且也是为了达到一个更合理的社会所必需。如果我当选总统，我将坚持严格执行《联邦水污染控制法》，以保护我们的海洋、江河、湖泊免遭污染危害，我将要反对削弱该法案规定条款的任何尝试；在公营和私营各部门中，对环境保护的研究发展工作，均应大量增加。近期要做的是，必须学会怎样去纠正我们已经造成的危害。但是更重要的是，我们必须研究如何建设一个社会，在这个社会中可更新资源和不可更新资源都得到明智的有效利用，要鼓励技术部门生产更好的控制大气和水污染的设备，要尽快地把污染少的技术生产出来![②]

　　卡特的演讲指出，他一旦当选，将大幅增加环保方面的科学研究工作。这表明环境保护不仅是政治问题，也是科学问题，从这一

---

①　高国荣：《美国现代环保运动的兴起及其影响》，《南京大学学报》2016 年第 4 期。
②　转引自余谋昌《当代社会与环境科学》，辽宁人民出版社 1987 年版，第 20 页。

点看，环境保护离不开科学研究，因为科学研究能告诉美国人"怎样去纠正我们已经能够造成的危害"。

西方社会政治发展表明，各阶级和社会各集团实现自己的经济利益和政治要求有两种方式：一是通过"院外活动"影响国会立法或联邦政府决策；二是组织政党，制定和实行一定的纲领和政策。现代环保运动发展很快，不仅在美国拥有广泛的群众基础，而且在其他发达国家也迅速成为广泛的群众运动。绿党就是在这种背景下成立的。世界第一个绿党诞生于 20 世纪 60 年代末的新西兰价值党（Values Party），进入 20 世纪 80 年代以后，主要资本主义国家相继建立了绿党。从 1981 年起，西欧许多国家如联邦德国、比利时、芬兰、奥地利、卢森堡、瑞士的绿党相继进入议会。影响最大的是联邦德国绿党在 1983 年的大选中占据了 27 个席位，第一次打破了议会中长期存在的三党格局，成为议会中的"第四大力量"。1984 年，它的代表又进入了欧洲议会，并占有 7 个席位。美国的绿党是在欧洲绿党的影响下成立并有所发展的，第一个全国性绿党是 1991 年成立的绿党美国（Green Party of the United States），虽然成立要比欧洲绿党晚，但发展也很快，成为两党之外的主要在野党。

绿党的基本政治纲领是维护生态平衡，具有明显的"绿色政治向度"。由此发展出绿色政治的一个引人注目的特点是它对传统的政党政治的"绿化"①。自由主义、保守主义、社会主义、无政府主义、民族主义等传统政治思想，在绿党的强势冲击下，都或多或少地汲取了绿色生态主义的思想成分，将绿色思想纳入自身的政治主旨之中。1970 年代以来西方的所谓中性化"新政治"，很大程度上就是绿化政治。西方发达国家各政党无不"绿化"自身的纲领，以吸引和取悦中间阶级和青年选民。它们在总统选举中纷纷打"绿

---

① 黄全胜：《环境外交综论》，博士论文，中央党校，2005 年，第 140 页。

色牌"，"绿色"在发达国家已经成为获取政治资本、赢得公众支持的重要筹码。

上述美国前总统卡特的竞选纲领就是在这样的背景下产生的。这表明环境问题已经成为西方发达国家政治生活中一个重要的议程。20世纪70年代后期美国经济陷入"滞涨"，美国环境政策也遭到越来越多的质疑。里根是20世纪第一个带着反环境议程上台的总统，在他任内，对环保政策进行了调整，出现了里根政府的反环保行动。但是，20世纪90年代的克林顿总统重新继承了美国民主党注重环保的传统，并在环境政策的理念和方法上有所创新，被誉为"环保总统"。虽然美国的环境政策会随着美国经济形势而有所调整，但美国政府注重环境保护的总体趋势没有改变，环境问题成为政治生活中的重要议程。

美国社会发生的这个重大变化也反映到黄石公园的管理上，作为"美利坚民族象征性景观"的黄石公园吸引着社会的关注，对黄石公园的保护也成为美国国会、内政部、国家公园管理局的"政治议题"，这也为科学家参与保护提供了坚实的基础。

二　环境立法的影响

"在环境运动和紧随而至的立法支持下，科学家们对国家公园的管理发挥着越来越大的影响。尤其是在《荒野法》《濒危物种法》以及关于某一专门问题的法规（例如，联邦空气污染法和水污染控制法）出台的情况下。"[1]

1872年的《黄石公园法》、1916年的《国家公园机构法》并未提到国家公园的科学价值，而1964年的《荒野法》明确提到荒

---

[1] Sellars, Richard West, *Preserving Nature in the National Parks: A History*, New Haven: Yale University Press, 1997, p. 233.

野具有"科学价值"①，这是以立法的形式确认了荒野的"科学价值"，无疑有利于科学家在荒野中从事科学研究。尽管国家公园不等于荒野，但国家公园中有"荒野"，这也是《荒野法》确认的。因此，从这一点看，《荒野法》是有利于改变科学家在国家公园管理中的地位的。

1973年美国国会通过的《濒危物种法》明确规定：濒危物种的恢复需要制订恢复计划，规划恢复的工作框架，这要求有物种的饮食习性、栖息地和数量趋势等科学理解为基础。②显然，按照该法，科学家将在濒危物种的恢复中发挥基础性作用。另外，20世纪70年代的特别环境问题立法，诸如空气、水污染等环境问题的立法也使得公园管理增加了科学信息的需要。

就立法对科学的影响而言，1969年的《国家环境政策法》产生了非常重要的影响。该项法案要求在制定或作出对环境产生实质性影响的计划或决策时，必须运用自然科学和社会科学，并事先提交"环境影响评估报告"（Environmental Impact Statements）；要求在实施计划之前，对可选择方案进行多学科的分析报告。该法案一经提出，就对几乎所有联邦机构都产生了影响。隶属农业部的林业局、内政部的土地管理局都不得不在总体上进行调整，以便更好地进行环境分析和制定环保计划，荒野保护也成为他们工作的一部分。这些机构的变化进一步提高了科学家们在这些机构中的地位和作用。隶属于内政部的国家公园管理局本就是管辖荒野土地的机构，更应该顺势作出改变，提高科学家们在管理中的地位。事实上，在《国家环境政策法》生效后，国家公园管理局无论在机构设

① The Wilderness Act, Public Law 88-577 (16 U.S.C. 1131-1136) 88th Congress, Second Session September 3, 1964, http://www.wilderness.net/NWPS/documents/publiclaws/PDF/The_Wilderness_Act.pdf, 2017/10/7.

② Jerry Johnson, *Knowing Yellowstone: Science in America's First National Park*, Lanham, Maryland: Taylor Trade Publishing, 2010, p.53.

置上，还是在思想观念方面都发生了一些改变。具体而言，环境立法给国家公园管理局带来了如下变化。

新的环境立法带来了自然资源管理内涵的变化。据威廉·休珀诺夫（William Supernaugh）回忆，野生动物护林员主要负责资源管理和法律执行，但在这些法律的推动下，他们的资源管理工作趋向复杂，这有助于管理者们遵守新的法令和规章。[①]

自然资源的管理责任内涵也得以丰富，包括对日益增长的专门问题的关注，比如穴洞、受威胁物种、外来物种、火、野生动物的管理，以及空气质量监控、杀虫剂的使用，煤炭、石油等矿产开采活动，以及资源管理计划的谋划。这些计划的制定需要资源的历史演变分析、当前自然环境的状态以及当前和可预见未来的自然资源管理所需要的描述。要获得这些资料，实现有效管理，没有科学家的广泛参与是不可能的。对此，公园管理局的科学家布鲁斯·基尔戈（Bruce M. Kilgore）认为，资源管理者的责任架起了科学与管理之间的沟通之桥。他还预见到资源管理人员专业化程度将不断提高，这些人员不仅要提高受教育的程度，还需要对公园的动植物区系具有"深入和有效的经验"[②]。随着时间的推移，这些计划的实施将推动人们对公园更宽广的生态理解，进一步有助于公园的科学管理。[③]

护林员的职责也发生了转变。自然资源管理越来越专业化、更

---

①　Richard West Sellars, *Preserving Nature in the National Parks: A History*, New Haven: Yale University Press, 1997, p. 234.

②　Bruce M. Kilgore, "Views on Natural Science and Resource Management in the Western Region," keynote address at the NPS Pacific Northwest Region, Science/Resources Management Workshop, April 18 - 20, 1978, NPS Cooperative Park Studies Unit, College of Forest Resources, University of Washington, 1979, p. 7.

③　Roland H. Wauer, "The Role of the National Park Service Natural Resources Manager," NPS Cooperative Park Studies Unit, College of Forest Resources, University of Washington, February 1980, typescript, 1 - 15.

注重生态取向，接受过生物学教育、对生物管理有兴趣的护林员常常被选择来负责解决公园所面临的生态问题。20 世纪 70 年代，公园管理局称"野生动物护林员"为"资源管理专家"。1973 年，华盛顿办公室正式成立自然资源管理部门，它作为一个独立部门由助理管理主任管辖。

随着大量专业研究办公室的创建，国家公园管理局开始谋求与大学开展合作。1970 年，国家公园管理局和华盛顿大学合作开展"公园中的荒野生态"研究，这是大学和国家公园开展的第一次关于公园的合作研究。

随着双方合作的不断深入，公园管理局的科学家把公园管理局的研究合同带入大学，这对大学教授和毕业生都非常有利。许多公园管理局的科学家成为大学的兼职教授。大学为管理局提供了越来越多的大学教授和毕业生，他们服务于管理局，也为管理局提供了越来越多的技术（尤其是计算机）服务。大学对管理局收取少量的管理费用，这减少了管理局的研究经费支出。科学规划有了良好开端，到 1973 年公园管理局和 18 所大学有了科学研究合作协议，当然有些研究项目并没有管理局的科学家参与。到 1980 年，参加这类合作的大学数量达到了 32 所，1983 年又回落到 23 所，1988 年又达到 31 所[①]。

环境立法促成了诸多研究中心的创建。其中有两个重要的研究中心，一个是国家公园管理局科学中心，位于临近密西西比河的圣路易斯海湾。该科学中心成立于 1973 年，公园管理局给中心的定位是，清查资源，在国家公园系统内开展生态研究。另一个是丹佛服务中心（the Denver Service Center）创建于 1971 年，逐渐融入机构组织的架构中，成为处理国家公园管理局事物的一个重要机构。

① Memorandum of Understanding between University of Washington and National Park Service, U-nited States Department of the Interior, April 14, 1970.

不久，该服务中心就开始招募科学家。

生物学家威廉·P. 格雷（William P. Gregg）负责科学中心的人事管理，据他后来回忆，20 世纪 70 年代科学中心之所以聘请科学家，国家环境政策法确实是"主要的因素"①。70 年代早期，曾受聘于丹佛中心的生物学家杰拉德·怀特（R. Gerald Wright）认为，这部法律"使科学获得了史无前例的权力"。科学家们逐渐使服务中心加深了对公园自然资源的理解，并知晓了人类对这些资源产生的影响。

另外管理局还参照杰克逊霍尔生物学研究站的模式（该研究站成立于 20 世纪 50 年代早期，位于大提顿国家公园内，用以研究和监控该地区的麋鹿数量）在单个国家公园成立了研究中心，典型的有大沼泽地国家公园的南佛罗里达研究中心、大烟雾山国家公园的高地研究中心。② 这些研究中心负责搜集水文学、地质学、鸟类学等领域的数据，以及从事水生动植物、熊等野生动物的研究。

无论怎么样，国家公园管理局里的科学家的数量在持续增长，20 世纪 80 年的一份内部报告显示，公园管理局大约有 100 名科学家，包括研究型科学家和科学计划的管理者们。所获资助达到了九百万美元，其中一部分用于资源管理或其他非科学研究活动。③

第二节　"自然规制"的提出及应用

一　科学报告与"自然规制"的提出

（一）两份科学报告

生态哲学家查尔斯·哈珀指出，20 世纪六七十年代兴起的环

---

① Richard West Sellars, *Preserving Nature in the National Parks: A History*, New Haven: Yale University Press, 1997, p. 241.

② National Academy of Sciences, "*A Report by the Advisory Committee to the National Park Service on Research*," Washington DC, 1963, p. 71, National Park Service Library, Denver.

③ Richard West Sellars, *Preserving Nature in the National Parks: A History*, New Haven: Yale University Press, 1997, p. 242.

保主义与之前的环保主义一样，有其重要的思想基础，其中，以海洋生物学家卡逊（Rachel Carson）的《寂静的春天》，动物学家保罗·埃利奇（Paul Ehrlich）的《人口炸弹》、生物学家康芒纳的系列作品等发挥的思想影响最为重要。[①] 这表明科学家不仅仅是环保运动的参与力量，而且作为一个群体，自我参与环保运动的意识也增强了。从另一角度看，环境问题也越来越重视科学家的参与，黄石国家公园的管理体现出这一时代特点。

20 世纪 60 年代，国家公园管理局官员们感到应付公众的质疑越来越困难，逐渐意识到科学数据对管理的重要意义，但过去有关国家公园的科学研究令人沮丧。20 世纪 40、50 年代，关于野生动物的基础研究在管理中获得的关注度很低。1955 年，生物学家维克多·卡哈兰（Victor Cahalane）由于联邦政府对研究所投入的资金十分匮乏，沮丧地从公园管理局辞职。1958 年，国家公园管理局才第一次有了 2.8 万美元的官方研究费用预算，然而这一费用仅仅接近于 1932 年乔治·怀特（George Wright）时期的经费。[②]

国家公园管理局的科学家们认为，生态学研究有助于改善科学理解，从而有利于野生动物的管理。1961 年，公园管理局首席科学家洛维尔·萨姆纳解释道，"有限的研究经费制约了国家公园管理局关注如平衡、干扰等迫在眉睫的生态问题研究"。事实上，国家公园管理局开展的科学研究不应该局限于问题导向，而应该着眼于基础的、长期的整体性的生态研究，这能为恰当的管理提供基础数据。然而，当年整个国家公园科研经费仍然是 2.8 万美元，并且投

---

① ［美］查尔斯·哈珀：《环境与社会——环境问题中的人文视野》，肖晨阳等译，天津人民出版社 1998 年版，第 360 页。

② R. Gerald Wright, *Wildlife Research and Management in the National Parks*, Urbana: University of Illinois Press, 1992, p. 23.

向了 61 个公园研究点，严重制约了更有意义的生态研究。^① 20 世纪 60 年代早期，霍华德·斯塔格勒担任国家公园管理局博物学处（Natural History Division）主任，他积极推动国家公园管理局去关注国家公园的科学研究，并最终说服内政部长尤德尔去重新评估国家公园管理局的研究工作。不久，尤德尔要求美国国家科学院对国家公园管理局的自然科学计划进行评价。怀俄明州参议员盖尔·麦可基（Gale McGee）和乔·希基（Joe Hickey）出于猎手和畜牧业主的利益，对尤德尔施加压力。当然这不仅仅涉及猎手和畜牧业主的利益，更大的压力来自公众。早在 1961—1962 年黄石公园就实施了一次大规模屠杀，达到惊人的 4309 只，令公众颇为不满。随后又有几次屠杀，电视台、报纸、杂志进行了连续报道，激起了人们的愤怒。国家公园管理局承受着越来越大的政治压力。

求助于科学界来纾解这种压力无疑是一种好的办法，于是，内政部长尤德尔组建了一个特别顾问委员会，来评析国家公园的野生动物管理。

当时，美国国内有一批科学家在野生动物管理、土地管理方面享有较高的知名度，他们中有斯塔尔克·利奥波德（A. Starker Leopold）、艾勒·诺尔·盖布里森（Ira Noel Gabrielson）、托马斯·金博尔（Thomas Kimball）、克伦劳斯·寇唐（Clarence Cottam）等人。他们成为野生动物咨询委员会的主要成员。

委员会主席斯塔尔克·利奥波德年轻时曾经前往墨西哥的里奥·加维兰（Rio Gavilan），那里的荒野特征给他留下了深刻的印象，也使他认识到食肉动物、火在生态系统中的作用，以及健康的景观呈现出的特征。1958 年，他回国后，对国内的畜牧业和伐木业侵入荒野感到沮丧。

---

① Alston Chase, Playing God in Yellowstone: The Destruction of America's Fist National Park, Boston/New York: The Atlantic Montly Press, 1986, pp. 241 – 242.

1963 年 3 月 4 日，在利奥波德的主持下，完成一份科学报告《国家公园里的野生动物管理：利奥波德报告》，简称"利奥波德报告"。

利奥波德报告不仅仅以几种国家级出版物的形式广为传播，而且环保组织塞拉俱乐部主办的《塞拉俱乐部通报》(*Sierra Club Bulletin*)还进行了专门报道，通报称其"以最高的政治水准阐明了生态原则"。这份报告产生的巨大冲击力，对国家公园管理局提出了这样的要求：每一个公园应该体现"原始美洲的感觉"，国家公园管理局应该保存或者创造"荒野美洲的氛围"。意即"保留白人首次来到此地或欧裔访问者首次目睹的景观特征"[①]。尤德尔本来只要求利奥波德考虑黄石公园的野生动物管理问题，而利奥波德报告显然超出了这个范围，论及了公园管理局的管理理念。这种管理理念不是马瑟和奥尔布赖特时期形成的"游客优先"理念，而是"保存自然"优先，要体现"原始美洲的感觉"。这种叙述激发了人们的民族主义情感，康纳德·沃斯评价该报告"具有良好的视野，前瞻的眼光，又能顺应时代潮流"[②]。

该报告建议国家公园管理局应作出的"主要的政策改变"应该是"承认生态社区的巨大复杂性，保存它们的多样性"。该报告要求：科学研究应该"成为所有管理计划的基础"，应将"管理的每一阶段都置于公园管理局中的受过良好生物学教育的专业人员的完全管辖下"，这对于长期着眼于旅游服务的机构而言是巨大的挑战。[③]

利奥波德报告指出，要保持当时的自然条件，就必须运用科学研究，创造"原始时刻"的"合理幻觉"。换言之，为了恢复改变

[①]　A. Starker Leopold et al. , "Wildlife Management in the National Parks," http：//www. craterlakeinstitute. com/online-library/leopold-report/complete. htm, 2015 年 9 月 10 日。

[②]　Conrad L. Wirth to the Secretary of the Interior, August 9, 1963, NPS‐HC.

[③]　A. Starker Leopold et al. , "Wildlife Management in the National Parks."

了的自然条件，人类干预是必然的，但其目标必须是创造"自然"。"好的公园管理要达到如下状态：有蹄动物数量减少到一定程度，但是草场仍处于健康状态，土壤、植物或者其他动物的栖息地都没有遭到破坏。"

1963年8月，美国国家科学院报告发布，由生物学家威廉·罗宾斯主笔，史称"罗宾斯报告"。该报告称，国家公园是"复杂的自然体系"，这"对于国内外科学家而言具有日益增长的科学价值"。要想做到管理适当，管理者需要"宽广的生态理解和知识的不断更新"①。

比较利奥波德报告，罗宾斯报告的文字更长。罗宾斯报告讨论了管理自然体系的科学角色和作用，对其中的变化作了详细的评论，并直率地批评了管理局疏于支持科学家在国家公园中从事科学研究活动。报告指出，国家公园管理局的科学工作缺乏"持续性、协作性和深度"，不是着眼于"长期考量，而是权宜之计"，"缺乏方向"，"碎片化""零散化""衰弱的"，资金资助不足。报告认为，管理局对科学研究及其对公园管理潜在的贡献几乎不能理解。对于美国国家科学院而言，科学研究不能运用于具有"独特而有价值"性质的国家公园，是"无法想象的"②。

报告认为公园管理局对国家公园的目的存在着"一些混乱和不确定的认识"，基于此判断，报告把国家公园定义为一种"动态的、复杂的生物系统"，"在这种系统中，植物、动物、栖息地（一种生态系统）是相互联系的，在看似必要的人类控制和指引下，系统将出现颠覆性的变化过程"。③ 因此，"国家科学院提出了大量建

① National Academy of Sciences, National Research Council, "A Report by the Advisory Committee to the National Park Service on Research", August 1, 1963, 1. https: //www. nap. edu/download/ 21504, 2016/10/7.

② National Academy of Sciences, "A Report by the Advisory Committee", pp. x, xi, 31, 43.

③ National Academy of Sciences, "A Report by the Advisory Committee", pp. 3, x, 21, 58.

议，这潜在地影响了公园管理局的组织结构、工作人员和预算。就这些方面而言，它的影响比利奥波德报告要大"①。

第一，报告指出，公园管理局过去的主要关注点是受到公众欢迎的大型哺乳动物，但那些不被公众熟知的物种也应该受到关注。

第二，报告认为，管理局需要创建一个"永久的、独立的和功能明确的"科学研究部门，它应该有"路线责任"，而不是"仅仅发挥咨询功能"。而权力和独立是科学计划能够获得成功的关键要素。科学计划应该由一位首席科学家来管理，其职责是管理博物学研究和研究人员；助理管理主任应负责处理研究及其相关活动。这两个人应该直接向公园管理局长汇报工作，以避免来自官僚主义的干预和可能的敌对。管理局还应该在华盛顿的办公地点组成一个大约10人的具有"超凡能力"的科学家团队，用来评估研究需要，从而决定公园内科研人员的配置。②

第三，报告提出，公园管理局的科研经费应该与其他联邦土地管理机构保持相当一致的水平，在本机构年度经费预算中应占比10%左右，而当时仅仅只有1%。此外，报告还建议创建科学咨询委员会，如有必要，每一个大型自然公园都应该有自己的咨询委员会。③

这两份报告都从科学视角对国家公园管理表达了国家公园的重新定位，即国家公园创建的基本目的。"自1963年以来，国家公园管理局大部分历史可以被视为科学家们和环境运动的其他人员不断斗争的历程，其性质就是要改变国家公园管理的方向，特别是涉及

---

① Richard West Sellars, *Preserving Nature in the National Parks: A History*, New Haven: Yale University Press, 1997, p. 216.

② National Academy of Sciences, "A Report by the Advisory Committee", pp. 44 – 48.

③ National Academy of Sciences, "A Report by the Advisory Committee", pp. 53, 66 – 67, 71, 74.

到自然资源管理的方向。"① 例如,罗宾斯报告就明确指出,"国家公园显著的目的是,也应该是保存、保护美学的、精神的、心灵的、教育的和科学的价值,这些价值内在于自然景观和自然动物中,而无须预先考虑它们的主人即美国人民的享乐"②。在报告中,自然的保存被置于游客娱乐之前,挑战了过去国家公园管理局对国家公园的定位。

两份报告最为根本的影响是为国家公园指引了发展方向。③ 它们既改变了自马瑟和奥尔布赖特时期形成的重视国家公园旅游发展的管理文化,又树立了科学在国家公园管理中的权威地位。

(二)"自然规制"的提出

利奥波德报告提到了"自我规制"(Self-regulation),但这种规划当时还没有反映在国家公园管理局的政策中。正如在麋鹿问题上的处理上就是如此。黄石国家公园当时还在继续执行麋鹿直接减少措施,主要由护林员具体实施。对此,公众的批评声也从未减弱,公园承受的压力也越来越大。为平息众怒,1967年3月,国会组织了一次听证会,内政部长尤德尔、国家公园管理局长哈特佐格、参议员盖尔·麦可基等人参会。听证会形成了较为一致认识:"停止黄石公园麋鹿的直接屠杀","控制麋鹿数量最适合的方法"是在黄石公园毗连区域实施诱捕。冬季正是麋鹿从公园迁徙到临近区域的季节,也正是诱捕的时机,并将诱捕的麋鹿运送到其他地区。④但是这依然不能让公众满意。随后,国家公园管理局颁布了1967

---

① Richard West Sellars, *Preserving Nature in the National Parks: A History*, New Haven: Yale University Press, 1997, p. 217.

② National Academy of Sciences, "A Report by the Advisory Committee," pp. 17、18、64.

③ Lynn Ross-Bryant. *Pilgrimage to the National Parks: Religion and Nature in the United States*, New York: Routledge, 2013, p. 153.

④ Hearings before a Subcommittee of the Committee on Appropriations, United States Senate, Ninetieth Congress, First Session, on Control of Elk Populations, Yellowstone National Park, Washington, D. C.: Government Printing Office, 1967, pp. 89 – 90.

年政策，黄石公园开始对有蹄动物实行"自然规制"（Natural regulation）的管理，管理局还特别宣称遵循了利奥波德报告的精神。

"自然规制"的管理是在社会舆论压力下出台的，最初就是为了验证"有蹄动物数量可以自行规制"这一思想。因此，有关"自然规制"的质疑声较大，尤其是对公园管理局缺乏黄石公园北部草场麋鹿的直接科学数据提出了批评。黄石公园自己的科学家威廉·巴尔摩尔（William J. Barmore）就表达了不满，"管理局在没有支撑数据的情况下'突然'放弃目前的政策"，"公园应该对这种改变作出有数据支撑的解释"。[1] 后来，塞拉斯在他的《国家公园自然保护史》一书中甚至认为，假如公园管理局真没有相关的科学数据，那么，出台的政策就不是科学实验的结果，而是政治驱动的计划。[2]

在这种背景下，1968 年道格拉斯·休斯顿以研究型科学家的身份加入黄石公园的管理和研究。在随后的五年间，休斯顿与科尔、野牛专家米格尔共同合作，从科学上对"自然规制"进行了论证。要想改变过去管理政策，须扫除的最大的障碍是对凯巴布森林悲剧的一般认知。人们普遍认为，造成凯巴布高原悲剧的原因是食肉动物的缺乏，导致凯巴布高原有蹄动物过多，致使草原生态遭到破坏，从而有蹄动物在冬季缺少足够食物，出现数量急剧下降。这意味着，草场支撑有蹄动物的承载力是由严重的过度畜牧引发麋鹿数量骤减而导致了严重下降。1970 年发表在《生态学》（Ecology）上的一篇论文提出了不同观点，作者是生态学家考利（Graeme Caughley），题目是《有蹄动物数量的爆发，对新西兰喜马拉雅塔尔羊的重点描述》。针对上述观点，考利指出支撑这一观点的麋鹿数量的

---

① Richard West Sellars, *Preserving Nature in the National Parks: A History*, New Haven: Yale University Press, 1997, p. 248.

② Richard West Sellars, *Preserving Nature in the National Parks: A History*, New Haven: Yale University Press, 1997, p. 248.

数据是不可靠的。① 他认为麋鹿的数量变化并不是暴涨暴跌的，而是一个缓慢变化的过程，而且麋鹿数量"在优越的条件下大增，在食物有限的情况下大降"并不能解释有蹄动物数量变化过程。年龄分布、性别比例、繁殖力、存活率等参数都能产生更易察觉的增长率。

考利的解释重构了凯巴布高原的故事，吸引了公园科学家们关注的目光。在认真思考自己过去研究和考利研究的基础上，科尔提出，如果给麋鹿在一个生态完整的栖息地上漫游的机会话，麋鹿数量完全可以在没有人类干预的情况得到"自然规制"(Natural Regulation)。麋鹿既不会无限制地增长，增长的数量也不会使得草场遭到破坏而无法修复的地步。麋鹿数量太多时，一些因素将阻止其继续增加，明显的力量包括有限的草料补给、冬季死亡率，微妙的因素有生育率的下降。科尔强调更重要的因素是营养因素，而不是食肉动物。②

科尔和休斯顿还从植物演替的视角出发提出，植物群落的变化起初是由气候引发的，之后的畜牧压力只是加速了变化进程。③ 他们还从公园价值的视角解读生态过程，科尔认为，"要想保存一个相互关联的生物区与其环境之间的自然关系，需要明确反对野生动物管理的实用主义目的"。也就是说，公园管理不能为了满足狩猎的需求而实施野生动物持续产出的管理方式。

科尔和休斯顿实际上是把一些不可预知的干扰因素考虑到生态变化之中了，认为这些干扰因素有利于维护生态的平衡。1988年国

---

① Graeme Caughley, Eruption of Ungulate Populations, with Emphasis on Himalayan Thar in New Zealand, Ecology 51 (Winter 1970), pp. 53 – 72.

② Cole, Mission-oriented Research in Research in Natural Areas of the National Park Service, May 1969, Wildlife/Briefing Book, YNPL.

③ Glen F. Cole, Elk and the Yellowstone Ecosystem, Office of Natural Science Studies, NPS, February 1969, vertical files, NAYNP.

家公园管理局在发布的《管理政策》中再次强调，尽量依赖自然过程来控制本土物种，除非人类活动造成本土物种的非自然聚集。[①]

二 "自然规制"下的麋鹿生态

北部草场拥有 102000 公顷的半干旱草地和森林，面积的 2/3 在公园内，1/3 在公园北边蒙大拿州境内的公共或私人土地上。每年夏季超过一半的麋鹿在公园内的北部草场中。过去 30 年内，麋鹿数量一直在增长，最低点 1968 年约 4000 只，最高点的 1987 年和 1993 年都达 19000 只。公园外的猎手们的捕猎数量也随之发生着变化，除了狩猎致死，灰熊、黑熊、山狮、郊狼等食肉动物也造成麋鹿死亡数的变化。但在狼恢复之前，食肉动物对麋鹿数量影响不大，一方面食肉动物数量有限，另一方面人类掌控着麋鹿数量。

在 1968 年之前，黄石公园一直执行"直接减少"的精选政策，这一政策的弊端正如马克·博伊斯所说：

> 通过精选兽群来干预有蹄动物数量是专断的。当麋鹿数量似乎聚焦于承载力时候，现在看来执行了 25 年之久的精选政策显得尤其不明智。根据有蹄动物植物—食草动物动力学理解来管理有蹄动物，令我们失去很多。在保护北部草场植物免于被有蹄动物啃食而破坏之外，我们将一无所获。[②]

自 1969 年起，一些科学家估算了"自然规制"下的麋鹿数量。1974 年，休斯顿估计麋鹿数量在 10000—15000 只。[③] 1982 年，他

---

① NPS, Manage Policies, Washington, D. C.: U. S. Government Printing Office, 1988.

② Huff, Dan E. and John D. Varley, Natural Regulation in Yellowstone National Park's Northern Range, *Ecological Applications*, Vol. 9, No. 1 (Feb. 1999), pp. 17 – 29.

③ D. B Houston, *The northern Yellowstone elk. Parts I and II: history and demography.* National Park Service, Yellowstone National Park, Wyoming, USA, 1974.

估计 1968—1976 年间麋鹿数量在 14910—17058 只之间。[①] 梅里尔和博伊斯在 1991 年估计，1972—1987 年间麋鹿数量在 14000—15000 只。[②] 考虑到 1986—1990 年，公园北部超过 4000 公顷冬季草场从私人和公共机构手中购买成为麋鹿草场，这一数据可能更为复杂。

按照科尔、休斯顿等人理解，"规制"意味着麋鹿的行为、生理、基因等麋鹿内部因素，以及诸如气候、食物补给等外部环境因素可能将麋鹿数量维持在一个较低的水平，这远比仅靠食物限制进行控制的数量要低。

休斯顿、博伊斯、辛格等人记录的数据表明，随着麋鹿密集度的提高，麋鹿在繁殖力、幼崽数量、幼崽存活率、一岁幼崽存活率和成年鹿的存活率都有所下降。有蹄动物并没有无限制地疯长，密度制约（density dependence）使得冬季死亡率增加。[③]

当然，如果把在公园外的麋鹿精选措施考虑在内，黄石公园内的自然规制管理就不可能很好地实施。同时，麋鹿迁徙出公园，到达其他土地私有者或者机构的土地上，使得自然管制也难以实施。在公园边界内缩小人类干预的影响，是管理者必须面对和考虑的问题。

"自然规制"有助于生态系统的科学理解，也促进了科学创造力和科学争论的繁盛。那么，自然规制下的麋鹿生长状况到底对北

---

① D. B. Houston, *The Northern Yellowstone Elk*, *Ecology and Management*. Macmillan, New York, USA, 1982.

② E. Merrill and M. S. Boyce, "Summer range and elk population dynamics in Yellowstone National-al Park." pp. 263 – 274, in R. B. Keiter and M. S. Boyce, editors, *The Greater Yellowstone Ecosystem*: *Redefining America's Wil-derness Heritage*, Yale University Press, New Haven, Connecticut, USA, 1991.

③ Mark S. Boyce, "Ecological-Process Management and Ungulates: Yellowstone's Conservation Paradigm," *Wildlife Society Bulletin* (1973—2006), Vol. 26, No. 3 (Autumn, 1998), pp. 391 – 398.

部草场意味着什么呢？是不是有利于整个北部草场的生态呢？

　　1968 年之后，科学家对北部草场的研究更为宽广，更为深入，涉及的方面有水土流失率、草场条件、木本植物成长趋势、生态过程的人类影响等，其中最为核心的关注点是有蹄动物的高数量是否损坏了生物多样性。华莱士在 1995 年的书中声称，他观察到牧养区相比非牧羊区拥有更高的本土植物多样性。① 华莱士的研究表明自然规制是有利于北部草场的生态的。

三　米格尔与野牛的自由漫游

　　自 1966 年，野牛的管理也实行自然规制政策。但是，野牛的数量在整个 20 世纪 70 年代增长很快，1969—1981 年间黄石公园北部草场的野牛数量以年均 16% 的速度增长。到 80 年代，公园野牛数量已超过 2000 头。② 公园的冬季草料已经无法满足野牛的需求，并且在很多区域，冬天厚厚的积雪盖住了草地，使得野牛无法啃食，这进一步加剧了公园冬季草料的紧张。20 世纪 70 年代末，野牛开始沿着自然迁徙的路线迁徙到公园外边的低纬度区域，以便搜寻更容易获得的草料。③ 如果这种趋势发展下去，野牛必将到达公园附近的加德纳小镇、黄石公园西部，而这两个地方有奶牛养殖场，野牛将会影响养殖场，从而损害牧场主的利益。

　　起初，只有少量的野牛迁徙，因此公园实施把野牛限制在公园内的政策，野牛也难以传染布鲁氏病菌给奶牛。1988—1989 年，黄

---

　　① L. L. Wallace, M. G. Turner, W. H. Romme, R. V. O'Neill, and Yegang Wu., "Scale and Heterogeneity of Forage Production and Winter Foraging by Elk and Bison", *Landscape Ecology* 10, 1995, pp. 75 – 83.

　　② Mary Ann Franke, *Save the Wild Bison*: *Life on the Edge in Yellowstone*, Norman: University of Oklahoma Press, 2005, pp. 67 – 68, 90.

　　③ CormackGates et al. *The Ecology of Bison Movements and Distribution In and Beyond Yellowstone National Park*: *A Critical Review with Implications for Winter Use and Transboundary Population Management*. Calgary, Alberta: University of Calgary, 2005, pp. 93 – 96.

石公园遭遇了近十年来最严寒天气，数百只野牛迁徙，公园限制政策根本无法发挥作用。为了应付这一局势，自 20 世纪 80 年代早期以来，蒙大拿州规定，野牛越过黄石公园边界后，猎手们可以实施猎杀。但是，野牛遭到血腥屠杀的场面经媒体报道后，受到了公众广泛的抗议，特别是 1989 年春天，猎手们在蒙大拿州境内屠杀了 569 头野牛，引起了民众的抗议，公众压力迫使州政府暂停了这一屠杀政策。

　　面对野牛生活习性的改变、民众的不满、内政部的压力，黄石公园管理者开始反思自然规制政策的实施情况。于是，黄石公园管理者开始对黄石公园内的野牛和布鲁氏病菌管理进行环境影响评估，为此，他们展开与美国渔业和野生动物局、动植物卫生检验局（The Animal and Plant Health Inspection Service）的合作。他们在靠近黄石公园北边的加德纳抓捕正在离开公园的野牛，并与蒙大拿州签订临时协议，根据协议，蒙大拿州配合管理试图离开公园的野牛。相应地，蒙大拿州也建立了抓捕野牛的设施，并对被抓捕的野牛进行布鲁氏病菌测试，测试为阳性的野牛送往本地屠宰场，牛肉运给蒙大拿州土著美国人食用；测试为阴性的野牛留在捕获的设施内，直到来年春天指引它们回到黄石公园内，或者在设施满员时屠杀一部分。1996—1997 年黄石公园再次迎来了严寒的冬季，也是黄石公园 20 世纪三次最严酷天气之一，而此时环境影响评估尚未完成。大批野牛试图离开公园，公园进行了捕杀，到冬季末的 1997 年 4 月，600 多头野牛遭到屠杀，400 多头死于自然因素，整个冬季共损失了 1085 头野牛。[①]

　　2000 年，国家公园管理局、美国渔业和野生动物局、动植物卫生检验局最终完成了环境影响评估。评估报告提供的方案是只要野

---

① Mary Ann Franke, *Save the Wild Bison*: *Life on the Edge in Yellowstone*, Norman: University of Oklahoma Press, 2005, pp. 138 – 146.

牛数量达到3000头以上，移除感染布鲁氏病菌的野牛到屠宰场的做法就要持续。然而，2007—2008年冬天，野牛又经历了一次大屠杀，大约1200头野牛遭到屠杀，这是截至当时最大规模的一次屠杀，而当时野牛的总数竟然已达到3300头至5000头之间。

2010年，黄石公园又发布了一份环境影响评估，以评估疫苗注射计划的影响。疫苗注射计划的目的是希望通过给野牛注射疫苗，来降低野牛感染布鲁氏病菌的风险。但是，注射疫苗不可能根除布鲁氏病菌，因为疫苗的有效率只有80%。

总结20世纪60年代末以来的野牛管理政策，黄石公园管理者一直坚决捍卫野牛的自由漫游。黄石地区的野牛是目前美国唯一保持自由漫游的野牛群，公园外部不再允许野牛自由漫游，而黄石公园面积多达220万英亩，这为野牛提供了在一年中的绝大部分时间自由漫游的区域。

相比过去，这一时期关于野牛的科学研究更为彻底、更易理解，能为公园管理者提供更为明确的管理指向。第一位提议野牛应离开公园边界的科学家是黄石公园的野牛生物学家玛丽·米格尔。米格尔于1973年完成她的博士论文，研究对象正是黄石野牛。凭借她的博士论文，她成为黄石野牛及其栖息地研究的权威。关于野牛在黄石地区的迁徙新模式，米格尔认为数量增长是影响野牛迁徙模式的因素，这一认识基于这一事实：加德纳周边低纬度区域积雪少，容易提供草料。但是，对于20世纪70年代的野牛而言，它们以前就没有到过加德纳附近搜寻不受积雪干扰的草料，那么它们是怎么发现那里的草料的呢？

米格尔怀疑是公园整饬过的道路发挥了作用，积雪清除了，道路更容易行走。野牛与其他动物一样，按照天性迁徙，它们谋求在冬季减小能量消耗，而消除了积雪的道路恰好为它们提供了条件。1993年米格尔还撰写了一篇论文，她提出，20世纪60年代末野牛控制措施停止后，野牛数量就开始增长。与此同时，公园管理人员整饬了几条交通道路上的积雪，这正好与野牛到加德纳附近的低纬度冬季草场的迁徙路线相吻合。随着野牛数量不断增长，野牛在面临最严酷气候时开始寻找占用率不高、容易获得草料的草场。最终，它们发现了加德纳附近的优质冬季草场。米格尔认为，这里也是野牛在19世纪遭到灭绝之前曾经使用过的草场。① 80年代末，野牛开始有规律地离开黄石公园，并且大规模地离开，这引发了对管理政策的争议。

一些科学家们只认可米格尔关于野牛数量增长需要更多草场的研究结果，但对雪上交通道路导致野牛迁徙出公园的观点不认可，因为那些迁徙路线只是与雪上交通道路平行。他们还认为，野牛迁徙依赖天性，整饬道路只是有助于野牛快速离开公园。②

基于新研究，越来越多的野生动物学家赞同雪上交通路线并不是导致野牛离开公园的原因。科学家们相当一致的态度使得公园管理者继续允许野牛自由漫游在公园外，并且不关闭雪上交通道路。

另一项科学研究成果对于实行野牛的自由漫游措施也很重要，即证明了野牛传染布鲁氏病菌给奶牛的机会非常微小。布鲁氏病菌只有通过接触活组织才能在动物之间进行传播；在荒野中，只有当动物舔食胞衣或者流产物质，传染才会发生。然而，布鲁氏病菌并不能在暴露的空气中完好存活，大部分在暴露几天之后就死去了。病菌还可以通过母乳传播。因此，雄性野牛是不可能传播病菌的，野牛传染给家养奶牛也是不可能的，即便不对野牛进行控制。

2010年后，公园允许野牛迁徙出黄石公园，在加德纳盆地自由

---

① Mary Ann Franke, *Save the Wild Bison: Life on the Edge in Yellowstone*, Norman: University of Oklahoma Press, 2005, pp. 116 – 119.

② Cormack Gates et al. *The Ecology of Bison Movements and Distribution In and Beyond Yellowstone National Park: A Critical Review with Implications for Winter Use and Transboundary Population Management.* Calgary, Alberta: University of Calgary, 2005, pp. 93 – 100.

漫游，而上述两项科学研究成果为野牛新政策实施提供了科学基础。

第三节 科学家的共同努力与"大黄石生态系统"的形成

一 "大黄石生态系统"的形成

"大黄石生态系统"（The Greater Yellowstone Ecosystem）位于怀俄明州西北部，蒙大拿州西南部和爱达荷州东部，包括 7 个国家森林、2 个国家公园、3 个联邦野生动物庇护所。其中"黄石国家公园是这个大的生态系统核心部分"，这个地区"环绕着黄石国家公园，大片连绵苍翠的森林覆盖着群山，众多未开发的草原和盆地点缀其中，这里有 48 个本土州最富饶、最完美的野生动植物群落和荒野"①。保罗·舒勒里考证了这个名词的由来：最早可追溯到 1917 年，当时，爱默生·霍夫（Emerson Hough）对扩大黄石公园边界付出的努力表示赞扬时，使用了新词"大黄石"（Greater Yellowstone）。20 世纪 60 年代中期，随着黄石公园周边新的国家公园、森林保护区的建立，国家公园管理局和森林局合作创建了大黄石协作委员会（The Greater Yellowstone Coordinating Committee），这是当时的两大联邦土地管理机构的合作组织，它们联手的目的在于解决共同面临的管理问题。"大黄石生态系统"这一概念首先被克莱海德兄弟俩在 1960 年代末应用于黄石公园的灰熊研究中，克莱海德兄弟俩通过无线电项圈追踪熊活动轨迹，发现熊的活动越出了公园边界。在这个基础上，第一幅大黄石系统的地图形成。

1983 年，大黄石联盟（The Greater Yellowstone Coalition）成立，这是一个民间环保机构，旨在推进以生态系统为基础的地区合

---

① Steven A. Primm and Tim W. Clark, "The Greater Yellowstone Policy Debate: What is the Policy Problem?" *Policy Sciences* 29, 1996, pp. 137 – 166.

作管理理念。这些机构的成立一方面意味着"大黄石"一词逐渐获得了认可,另一方面推动了大黄石地区的保护合作。20 世纪 80 年代早期,"大黄石生态系统"也开始见于黄石公园官方文件,到 80 年代中期以后在该地区的官方文件中就比较常见了。①

"大黄石生态系统"是特定的生态系统,它的产生与生态学的发展、联邦法律的推动及黄石公园本身的历史有着密切关联。

生态系统(ecosystem)这个概念在 1935 年由英国生态学家坦斯利(Arthur G. Tansley)提出,美国生态学家 E. P. 奥德姆(Eugene Pleasants Odum)完善了生态系统生态学的理论框架。② 奥德姆的名著《生态学基础》一书首次出版时间是 1953 年,又分别于 1959 年、1971 年再版。此时,正值奥德姆在美国生态学界名声斐然的时候,1964—1965 年他担任美国生态学会主席,1974 年荣获美国生态学会卓越生态学家奖、1977 年荣获生态学界的最高荣誉——泰勒奖(为环境学成就而设立的世界级奖项)。恰好"大黄石生态系统"作为特定的概念也出现在 20 世纪 70 年代,显然受到了奥德姆生态系统生态学思想的影响。不过,1963 年的两份科学报告也影响了"大黄石生态系统"的形成。生态系统强调"相互联系""动态""变化"等元素,"利奥波德报告"虽然没有直接使用生态系统一词,但整篇报告反复提及植物、动物、生物之间的联系,这本身就蕴涵着生态系统的思想。当然这份报告也因使用"原始图景"而被批评缺乏"动态"的元素。③ 而"罗宾斯报告"明确使用了"生态系统"一词,并表达了生态系统中的"相互联系"

---

① Rober Keiter, "The Greater Yellowstone Idea. in Paul Schullery and Sarah Stevensoned", *People and Place: The Human Experience in Greater Yellowstone*. NPS, YCFR, YNP, 2004, p. 206.

② 包庆德、张秀芬:《〈生态学基础〉:对生态学从传统向现代的推进——纪念 E. P. 奥德姆诞辰 100 周年》,《生态学报》2013 年第 12 期。

③ Lynn Ross-Bryant. *Pilgrimage to the National Parks: Religion and Nature in the United States*, New York: Routledge, 2013, p. 199.

"动态"等核心元素。

联邦环保法律的出台有助于大黄石生态系统的形成。1964 年，《荒野法案》（The Wilderness Act）的颁布为野生动物和生态系统免遭人类干扰的自由提供了法律保障。[①] 它还直接导致了将黄石公园附近 300 万英亩的荒野创建为国家森林并得以保留，而位于黄石公园东边的肖肖国家森林（Shoshone National Forest）超过一半的面积被标记为荒野。1969 年《国家环境政策法》被称为美国"环境大宪章"。[②] 该法案宣称，"人类活动对自然环境所有构成部分及其相互关系都有着深刻影响"，因而法案要求人类在从事重大活动时必须进行环境影响评估。这就对美国林业局（The U. S. Forest Service）和土地管理局（Bureau of Land Management）提出了更高的管理要求，促使他们必须重视荒野保护，而不能仅仅重视自然资源的保护。因此，黄石公园周边的荒野成为联邦管理机构的保护区域。1973 年的《濒危物种法》提出了对濒危物种栖息地的保护，这对保护的区域提出了要求，即必须超出国家公园或森林的边界。[③] 1976 年的《国家森林管理法》（National Forest Management Act）对林业局开展跨机构合作提出了要求，即林业局在制定它的管理计划时要与其他机构展开合作。这些法案的颁布和实施对于"大黄石生态系统"概念的形成产生了重要影响。

"大黄石生态系统"的形成还与公园边界的扩大以及黄石公园周边保护区的纷纷建立相关。19 世纪 80、90 年代，《森林与溪流》杂志编辑乔治·博德·格林内尔（George Bird Grinnell）呼吁要保

---

① ［美］罗德里克·弗雷泽·纳什：《大自然的权利：环境伦理学》，杨通进译，青岛出版社 2005 年版，第 199 页。

② 滕海建：《战后美国环境政策史》，吉林文史出版社 2007 年版，第 96 页。

③ Robert B. Kerter, "Taking Account of the Ecosystem on the Public Domain: Law and Ecology on the Public Domain: Law and Ecology in the Greater Yellowstone Region", *University of Colorado Law Review* 60, 1989, pp. 943, 933.

护黄石公园里的大型猎物和水资源。他提出，大型猎物和水资源的保护必须要有黄石公园边界的扩大与之配套。这一建议直到 20 世纪 20 年代才被考虑，即向公园南边扩大，包括黄石河上游源头和提顿草场。格林内尔这一建议是富有远见的。① 虽几经曲折，1929 年黄石公园的东部边界、北部边界西端重新整合以符合流域分水岭，为公园增加了 78 英亩土地。1932 年，根据地理特征，在公园北部又增加了一块草地，用于有蹄动物的冬季草场。边界的扩大为后来野生动物栖息地的保护提供了场所。20 世纪美国持续创建国家公园和国家森林，到 20 世纪 60 年代，黄石公园周围创建了 6 个国家森林、2 个国家野生动物庇护所以及 1 个国家公园（提顿国家公园）。这些保护区也有相应的管理机构，为了更好地管理好这些保护区，各自的管理机构就有了互相合作的需求。

在奥德姆的"生态系统生态学"中，他强调生态系统多样性（ecosystem diversity），生态系统具有复杂性，维持它需要遗传、物种、栖息地、功能过程等方面的多样性；他还"倡导环境的伦理道德，认为滥用自然界的生命支撑系统不仅仅是违法的，也是违背伦理的，人们还要关注动物的权益和人类应尽的义务等"②。生态系统还重构了空间概念，因为它要求这种模型必须跨越已划定的边界，尽管边界不需要消除，但绝对的边界必须弱化。生态系统的思想大大扩展了人们保护黄石公园的思路，并要求国家公园管理局改变管理政策：既要与管辖周边区域的机构开展合作；又要以科学研究为基础制定政策，这一点与"自然规制"不一样，后者并不把科学置

---

① Paul Schullery, *Seaching for Yellowstone*: *Ecology and Wonder in the Last Wildness*, Helena: Montana Historical Society Press, 2004, p. 201.

② 包庆德、张秀芬：《〈生态学基础〉：对生态学从传统向现代的推进——纪念 E. P. 奥德姆诞辰 100 周年》，《生态学报》2013 年第 12 期。

于优先地位。① 从科学家对大黄石生态系统的阐述来看，明显受到了奥德姆的思想的影响。例如，罗伯特·凯特（Robert B. Keiter）和马克·博伊斯（Mark S. Boyce）就明确阐述黄石公园中的"物种、群落和生物跨越不同区域的管辖权和法律边界，由此构成的管理体系是多样化的，甚至是矛盾的"②。他们所表达的意思不仅仅是指大黄石生态系统内的保护区之间需要开展合作，而且还需要各学科加强合作。后来野生动物栖息地的保护就是按照这个思路来进行的，而狼重返黄石公园反映出 20 世纪 70 年代之后的生态学家对动物权益的关注。

二　跨机构研究团队和野生动物栖息地的保护

"大黄石生态系统"的形成拓宽了人们对野生动物进行保护的思路，而 1973 年的环保法案《濒危物种法》不仅为"大黄石生态系统"的落实提供了法律保障，而且从法律上为黄石公园的灰熊保护提供了新的思路，有力地推动了灰熊的保护。

1975 年，美国渔业与野生动物局（The U. S. Fish and Wildlife Service）把 48 个美国本土州的灰熊列为《濒危物种法》下的"受威胁"物种。按照 1973 年《濒危物种法》，黄石公园也必须拯救灰熊，为此公园要制订恢复计划，规划恢复的工作框架。这就需要科学家开展灰熊研究，在过去科学研究的基础上进一步掌握灰熊的饮食习性、栖息地和数量趋势等科学数据。1973 年成立的跨机构灰熊研究团队（Interagency Grizzly Bear Study Team）包括了来自国家公

---

① Lynn Ross-Bryant, *Pilgrimage to the National Parks: Religion and Nature in the United States*, New York: Routledge, 2013, p. 200.

② Robert B. Keiterand Mark S. Boyce, "Greater Yellowstone's Future: Ecosystem Manager in a Wilderness Environment", in Keiter, Robert B. and Mark S. Boyce, Eds., *The Greater Yellowstone Ecosystem: Redefining America's Wilderness Heritage*, New Haven, Connecticut: Yale University Press, 1991, pp. 379 –413.

园管理局、美国渔业与野生动物局、美国林业局和怀俄明、爱达荷以及蒙大拿州政府的生物学家及其他科学家。到1991年，跨机构灰熊研究团队进行了18年的深入研究，发表了超过一百篇论文、研究报告和著作。它是迄今为止研究灰熊最持久，最富有成果的研究机构。该团队为黄石公园灰熊的管理提供了重要的参考资料。1983年成立了黄石生态系统灰熊小组委员会（The Yellowstone Ecosystem Subcommittee），隶属跨机构灰熊委员会，专门负责协调灰熊的恢复行动。1994年，该小组委员会开始研究灰熊恢复计划的保护策略和栖息地标准。跨机构灰熊研究团队实际上对黄石灰熊的管理起着指导作用。

　　《濒危物种法》把"重要的栖息地"一词引入美国的野生生物保护的法案之中，"对栖息地的保护是革命性的变化"[①]。这意味着灰熊的保护理念有了根本变化：从过去只保护灰熊转变为不仅要保护灰熊，还要保护灰熊的栖息地。因为灰熊的生存环境遭到了破坏，必然危及灰熊的生存。黄石国家公园内似乎并不存在灰熊栖息地的问题，因为公园发展区域不超过2%，这么小面积的人类活动似乎不足以危及灰熊的活动区域。然而，灰熊在黄石公园中的优良栖息地是有限的，而这些优良栖息地恰恰也是人类活动区域。研究团队认定了几个区域是灰熊优良的栖息地，如黄石湖的一些溪流附近、钓鱼桥村、格兰特村等。通过调查，他们认为这些优良栖息地遭到了一定程度的破坏。例如，他们调查了灰熊对黄石湖分支溪流的产卵割喉鳟鱼的食用情况，鉴定割喉鳟鱼能在春末早夏为灰熊提供高蛋白营养，是"灰熊有意义的食物来源"。但是外来物种冲击着原生物种的生存，自从湖红点鲑（lake trout）非法引进之后，割

　　① Kerry A. Gunther, "Bear Management in Yellowstone National Park, 1960 – 1993". *Their Biology and Management*, Vol. 9, Part 1: A Selection of Papers from the Ninth International Conference on Bear Research and Management, Missoula, Montana, February 23 – 28, 1992（1994）, pp. 549 – 560.

喉鳟鱼数量急剧下降。产卵的割喉鳟鱼在清澈的小溪的数量在 1978
年超过 70000 条，而 2007 年仅有约 500 条了。① 跨机构研究团队搜
集的详尽资料还表明，在距离旅游区域 1 英里的范围内，人类的存
在会对灰熊生存产生实质性的影响。即使是在公园偏僻区域也存在
灰熊与人的冲突，而且冲突一度有所上升。这些研究数据影响了公
园对灰熊的管理。1983 年，公园执行了一项灰熊管理计划：在灰熊
活动季节，严格管理灰熊活动区域内的娱乐活动；并强调对偏僻区
域的熊栖息地的保护。为此，公园局建立了"灰熊管理区域组织"，
负责黄石公园偏僻区域的管理，它包含了公园的 20% 区域。

　　此时，围绕着是否关闭钓鱼桥的娱乐设施，管理者与环保组
织、商业团体发生了激烈的争论。钓鱼桥位于黄石湖出口处，20
世纪 20 年代至 60 年代中期进行了大量旅游设施的建设。钓鱼桥东
部建设有 353 处娱乐车、308 个野营地、数百个旅游小木屋，还有
加油站和游客中心，俨然成为一个度假村。70 年代，美国渔业和
野生动物局就要求国家公园管理局关闭这些娱乐设施。1981 年，国
家公园管理局向美国渔业与野生动物局承诺五年内关闭钓鱼桥的娱
乐设施。1984 年，受黄石公园管理主任罗伯特·巴比（Robert
Bob）之托，以保罗·舒勒里为首的科学家们撰写了《钓鱼桥和黄
石生态系统：呈递给管理者的报告》（Fishing Bridge and the Yellow-
stone Ecosystem：Report to the Director），报告指出，钓鱼桥区域有
繁盛的森林，丰富的灰熊食物来源，堪称灰熊完美的栖息地。然
而，这里却是黄石公园中灰熊非正常死亡最多的地方。报告进一步
指出，钓鱼桥村发展旅游危及到了灰熊的生存，这是"生态错
误"②。后来，计算机累积效应模式（cumulative effects mode）在美

---

① Jerry Johnson, Editor, *Knowing Yellowstone：Science in America's First National Park*, Lan-
ham, Maryland：Taylor Trade Publishing, 2010, p. 60.

② Paul Schullery et al., *Fishing Bridge and the Yellowstone Ecosystem：Report to the Director*,
Denver：U. S. Government Printing Office, November 1984, p. 2.

国林业局、美国渔业与野生动物保护局的支持下得到发展，巴比利
用该模式来分析不同的灰熊管理措施会产生什么样的不同效果，但
计算机总出现数据错误和数据断档，因而效果不佳，证明该模型存
在缺陷。不管是舒勒里的报告还是计算机累积效应模式都无法有效
证明关闭钓鱼桥村的娱乐设施有利于灰熊数量的增加。

　　由于国家公园管理局一直未能在关闭钓鱼桥村上取得进展，激
进环保组织"地球优先"（the Earth First）在 1986 年夏天发起抗
议，引起了公众关注。科迪镇（Cody City）是黄石公园东边一个小
镇，该镇在钓鱼桥村有着巨大的经济利益。科迪商会要求国家公园
管理局拿出严格的"环境影响评估报告"。1987 年 10 月，在对计
算机累积效应模式改善的前提下，黄石公园发布了报告书。报告书
呈现了计算机累积效应模式得出的新结果，但仅仅要求关闭钓鱼桥
村的野营地。最终公园管理局也采取了环境影响评估报告中提出的
妥协方案：移除野营地，保留其他设施。这个方案满足了科迪镇的
经济利益，也在一定程度上有利于灰熊栖息地的保护。关于这个政
策的制定，"科学研究提供了坚实的基础"，"他们（指科学家）的
确说明了这个地区对灰熊的生存是重要的"[①]。

　　"大黄石生态系统"的管理理念在这一时期的管理中得到了充
分体现，自 20 世纪 70 年代至 90 年代，环绕黄石国家公园，正式
的荒野保护区域增加了 50%，大黄石生态系统面积达到约 33700 平
方公里，30% 在黄石国家公园，这大大有利于灰熊数量的恢复。灰
熊有生活在森林的习性，而黄石国家公园被 6 个国家森林所包围，
因而灰熊的保护需要国家森林管理机构的合作。1985 年跨机构研究
团队负责人生物学博士奈特（Richard Knight）等人绘制的一幅图显
示：灰熊分布在公园附近的三个州，分别由几个公共机构管理，而

---

① Michael J. Yochim, *Protecting Yellowstone：Science and the Politics of National Park Manage-
ment*，Albuquerque：University of New Mexico Press，2013，p. 23.

且有的私人土地上也有灰熊的活动踪迹。这表明灰熊的保护需要众多部门以及私人土地主的通力合作。这也是《濒危物种法》所要求的，因为该法案不仅仅适用于野生动物保护区或联邦国有土地，而且私有土地的占有者也必须承认其土地上的非人类存在物的存在权利。在跨机构灰熊研究团队研究成果的推动下，前文提到的 1983 年创建的大黄石联盟，其目的就在于运用生态方法指导本地区公共和私人土地的管理。20 世纪 60 年代成立的大黄石协作委员会在国会的推动下于 1987 年发布了一份报告，明确了 6 个国家森林和 2 个国家公园属于 "大黄石区域"。① 1990 年 8 月，该委员会拟定了《面向未来，大黄石地区合作框架》(*Vision for the Future*, *A Framework for Coordination in the Greater Yellowstone Area*)，该报告强调保护 "生物多样性"，"在利用资源时首先考虑生态系统价值"。由于商业利益集团的反对，这份报告作了修改，删除了上述用语。但该报告仍是联邦两个土地管理机构开展合作的具有里程碑意义的文件。

科学家们积极响应，从不同角度探求森林与灰熊的关系，史蒂夫·梅利 (Steve Mealey) 曾于 1974—1975 年参加了跨机构灰熊研究团队的研究，1976 年他继续就灰熊栖息地的植物状况以及对灰熊的影响开展研究。② 1983 年他被任命为肖肖国家森林的管理者，直接参与灰熊的保护。麦克莱伦 (B. McLellan) 和梅斯 (R. D. Mace) 考察了灰熊对道路的反应，并提出，灰熊通常避开道路和临近道路

---

① 对于这份报告为什么没有使用 "生态系统" 一词，琳·罗斯-布莱恩特认为，有可能是这个词太新颖，也有可能是委员会为了避免误解，让人产生联邦土地管理者要以此来对抗开发的意图。参见 Lynn Ross-Bryant. *Pilgrimage to the National Parks*: *Religion and Nature in the United States*, New York: Routledge, 2013, p. 275.

② Steve Mealey, "Vegetation Studies of Disturbed Grizzly Habitat", in C. Jonkel, ed. *Border grizzly project*. Univ. Montana, Annu. Rep. 1, Misoula, 1976, pp. 5 – 34.

的栖息地。① 相应地，道路管理政策应考虑保护灰熊栖息地。科学家除了给管理者提供研究成果作为管理的重要参考外，他们使用的方法还被直接用于恢复计划，例如，跨机构灰熊研究团队通过观察雌熊携带幼崽来估算灰熊数量的方式，被应用于1993年的灰熊恢复计划。

在科学家们持续努力下，各部门通力合作，灰熊保护出现了转机。1985年生物学博士奈特指出，灰熊数量在持续下降，1974—1980年间以年均1.8%的速度下降②。此后，灰熊在黄石公园的数量在1983—2006年间以5%的速度回升③，2007年超过500只④。鉴于此，美国渔业与野生动物局在2007年正式把大黄石地区的灰熊从"受威胁"物种名单中删去。

三 科学家的一致行动与狼的重新回归

20世纪早期，狼被人们视为"坏的"动物。在这种观念的支配下，联邦政府出台了官方的狼灭绝计划，黄石国家公园的狼也逃脱不了被灭绝的命运。1918年国家公园管理局从军队手中接管黄石公园，继续执行灭绝狼的政策，到1924年，狼在公园几近找不到踪迹了。接下来的10年间，有蹄动物出现过剩，公园管理者一直寻求控制有蹄动物数量的良方。虽然狼在黄石公园遭到灭绝，但是一直以来都有科学家从事狼的研究，他们试图改变美国社会对狼的

---

① B. McLellan, R. D. Mace, "Behavior of Grizzly Bears in Response to Roads, Seismic Activity, and People," B. C. Minist, *Environmental*, *Fish and Wildlife*, *Branch*, Cranbrook, 1985.

② R. R. Knight, L. L. Eberhardt, "Population Dynamics of Yellowstone Grizzly Bears," *Ecology* 66, pp. 323–334.

③ Jerry Johnson, *Knowing Yellowstone: Science in America's First National Park*, Lanham, Maryland: Taylor Trade Publishing, 2010, p. 57.

④ Israel D. Parker and Andrea M. Feldpausch-Parker, "Yellowstone Grizzly Delisting Rhetoric: An Analysis of the Online Debate", *Wildlife Society Bulletin* (2011—), 2013, 37 (2), pp. 248–255.

偏见。自 20 世纪 70 年代以来，更多的科学家加入对狼的科学研究中，他们逐渐在狼的回归问题上表现出一致的赞成态度。

(一) 重新审视狼在自然中的位置

早在 20 世纪 20 年代，哺乳动物学家致力于向人们解释食肉动物的生态角色，并游说政府部门的重要官员改变食肉动物政策。20世纪 20 年代后期，国家公园管理局对食肉动物实施的屠杀政策开始出现松动。1931 年，奥尔布赖特宣称保护所有动物，虽然没有直接提到狼和郊狼，但这种宣称具有象征性意义。1932 年，野生生命调查局 (The Wild Life Survey) 认为引发草场生态问题的原因之一是食肉动物的缺失，它们应该是 "环境恢复的自然控制因素"[①]。尽管观念开始改变，但是要真正改变食肉动物政策依然面临着困难。历史学家塞拉斯在他的《在国家公园里保存自然》一书中就用1935 年柯蒂斯·K. 斯金纳 (Curtis K. Skinner) 随意射杀郊狼的例子，说明改变食肉动物政策的不易。食肉动物政策的改变涉及牧场主的切身利益。他们认为郊狼会对牧养牲畜产生威胁，从而劝说黄石公园管理主任托尔和生物调查局恢复屠杀计划。甚至野生动物处也赞成控制郊狼，因为郊狼会对其他物种产生威胁。[②]

阿道夫·穆里在 1934 年至 1939 年间任职野生动物处，他专门研究黄石公园郊狼的饮食习惯。穆里在 1937 年 5 月到 1939 年春天开展了田野研究，他分析了 5000 头郊狼粪便中的 9000 份标本。在此基础上，他指出，郊狼根本就不是传统上所认为的对畜牧业者不利的因素。1940 年《动物系列》发表了他的研究报告。国家公园管理局的科学家们，如布莱恩特 (H. C. Bryant)、拉塞尔 (Carl P.

---

① George M. Wright, Joseph S. Dixon, and Ben H. Thompson, A Preliminary Survey of Faunal Relations in National Parks (Fauna Series No. 1), May 1932 (Washington DC: National Park Service, GPO, 1933), 35.

② George M. Wright and Ben H. Thompson, Wildlife Management in the National Parks, Fauna of the National Parks Series, No. 2 (Washington DC: GPO, 1934), 71.

Russell)、卡哈兰（Victor Cahalane）和普雷斯纳尔（Clifford C. Presnall）都对穆里的研究表示支持和鼓励。

根据穆里的研究，郊狼在夏天的主要食物是啮齿类动物，占总食物的 21.6%，其中田鼠占 33.9%，草、鸟、鱼，一些小型哺乳动物也是其食物来源；冬季，大型猎物的腐肉成为其食物的主要来源，包括麋鹿、鹿、羚羊等。在穆里的分析样本中，仅有 5% 的排泄物有驯养的奶牛，并且这还是在狩猎区域搜集到的，这个区域"仍在公园内，但距离畜牧场不远"[①]。

穆里的调查研究并不顺利。奥洛斯·穆里对阿道夫·穆里在公园里开展研究遭遇到的麻烦进行了这样的描述："阿道夫的郊狼研究每一步都会遭遇到反对。他似乎将要失去工作……一位前管理主任尽其所能阻止他的调查研究。"[②] 这位前管理主任就是奥尔布赖特，在穆里兄弟看来，奥尔布赖特通过现任管理主任康莫雷（Cammerer）表达他的反对意见。他的态度与他一贯的国家公园价值观相一致，他心系黄石公园旅游业的发展，致力于公园与公园北部牧场主之间的良好关系，这决定了他很难改变他传统的猎杀食肉动物的观念。

20 世纪 40 年代，美国人开始用新的视角看待食肉动物。1942 年，斯坦利·杨格（Stanley Young）写道，"在与人类利益未发生冲突的区域，狼可以完好地生存。它们是所有哺乳动物中最有趣味性的团体之一，应该在北美动物区系中占有一席之地"[③]。1944 年他在《北美的狼》一书中记录了狼伴随着美国的发展而遭受屠杀的

---

① Adolph Murie, Ecology of the Coyote in the Yellowstone, Fauna Series, no. 4 （Washington DC：GPO, 1940）, 122.

② Olaus Murie to Dr. Harold E. Anthony, December 5, 1945, file "Correspondence 1945," box Ⅰ, Olaus J. and Margaret Murie Collection, AHC.

③ S. J. Young, *The War on the Wolf*, Am. Forests 48, 1942, p. 574.

悲惨历史，详细介绍了政府和公众灭绝狼的许多方法。①

此时，关于狼的科学研究渐渐增加，促进了人们对狼的重新认识。1944 年穆里的研究发现，阿拉斯加地区的麦金尼国家公园（Mount McKinley National Park）里狼的数量仅次于多尔大角羊（the Dall sheep）。1947 年考恩（Cowan）的研究发现，在加拿大境内落基山脉的国家公园内，狼对它们的猎物并没有形成数量上的影响。② 斯坦仑德（Stenlund）谈及明尼苏达州的超级国家森林时总结道，"数据显示，目前该地区狼的生存面临着猎物减少和狩猎的双重压力"③。梅奇的研究得出这个结论，罗亚尔岛国家公园（Isle Royale National Park）内，驼鹿也是狼的主要食物，但是狼捕食驼鹿的数量低于那个年代驼鹿总数的 10%。④ 科学家们的研究成果还表明，导致猎物数量减少的主要因素是严寒的天气和过度的捕猎，而狼对于猎物数量的减少只是起到助推作用。几十年的研究清晰地表明，在禁止狩猎的国家公园内，狼确实没有消灭它们的猎物。

随着相关研究成果的不断丰富，1967 年，杰出的加拿大环保主义者道格拉斯·H. 平洛特（Douglas H. Pimlott）预言，狼将重新引进到黄石国家公园。在这种背景下，国家公园管理者开始重新审视狼在自然环境中的作用。1968 年国家公园管理局对狼在自然环境中的角色予以确认：狼能弥补自然环境中丢失的重要部分。⑤ 1973 年《濒危物种法》把狼列入第一批濒危物种名录，这表明有关狼的新

① S. J. Young, *The Wolves of North America*, Part I. Dover, New York, 1944.

② I. M. Cowan, *The Timber Wolf in the Rocky Mountain National Parks of Canada*, Can, J. Res. 25 (1947), pp. 139 – 174.

③ M. H. Stenlund, *A Field Study of the Timber Wolf (Canis lupus) on the Superior National Forest*, Minnesota: Minn. Dep't Conserv. Tech. Bull. 4, 1955, p. 47.

④ L. D. Mech, The Wolves of Isle Royale, NPS, Fauna Service 7, Washington, D. C.: GPO, 1966.

⑤ G. F. Cole, Mission-oriented Research in the Natural Areas of the National Park Service, Res. Note 6, YNP, 1969.

观念已经体现在法律之中。

梅奇在 1970 年、1971 年连续发表论文附和平洛特等人关于狼恢复到黄石公园的观点。1991 年，梅奇在一篇论文中慷慨陈词，"所有这一切不是丰富的想象，而仅仅是纯粹的、合乎逻辑的发展结果。如果我们不能保存国家公园自然的完整性，我们还能去哪儿呢？如果我们不能为狼，或灰熊，美洲狮、狼獾在国家公园内留出一席之地，我们还能在哪儿为它们留出生存空间呢？如果印第安人都能发现空间，不，是制造空间以让老虎获得特别的保存，那么，美国为什么不能在它第一个和最重要的国家公园内为狼发现生存空间呢？"①

内政部助理部长纳撒尼尔·H. 里德（Nathaniel H. Reed）当时负责内政部国家公园和野生动物方面的事务。20 世纪 70 年代早期，他召集了一次会议，专门来讨论狼这一议题，会议地址在黄石公园内。当时，正好有传言说，有人在公园内看到狼了。于是，梅奇等人建议在黄石公园内开展一次全面调查，以查明国家公园中狼的生存状态。他们认为，如果没有狼的足迹，那么就应该重新引进狼。

生物学家约翰·韦弗（John Weaver）是第一位从科学角度论证狼必须恢复到黄石公园来的科学家。② 在对狼的生态做了深入的地面和航空调查并撰写了大量报告的基础上，他得出结论，"本土狼群在 20 世纪 40 年代就已经在黄石国家公园内灭绝了"。因此，应该"从不列颠哥伦比亚、亚伯达，或者明尼苏达引进狼群，以在黄石国家公园内恢复这种本土食肉动物应有的数量"③。

---

① L. David Mech, "Returning the Wolf to Yellowstone," *The Greater Yellowstone Ecosystem：Redefining America's Wilderness Heritage*, ed. Robert B. Keiter and Mark S. Boyce（New Haven, CT：Yale University Press, 1991）, pp. 309 – 322.

② MichaelYochim, *Protecting Yellowstone：Science and the Politics of National Park Management*, Albuquerque：University of New Mexico Press, 2013, p. 123.

③ J. L. Weaver, *The Wolves of Yellowstone*, *NPS National Resources Rep.* 14, Washington, D. C.：GPO, 1978.

（二）狼不构成对家畜的威胁

1973年，为回应狼被列入《濒危物种名录》，一个专门恢复小组成立，其任务是撰写狼的恢复计划。该小组包括了狼生物学家、公园管理人员、环保主义者、畜牧业主。计划不仅仅要考虑黄石公园，还要考虑亚种区域的狼的生存状况，这包括怀俄明州、爱达荷州和蒙大拿州大部分地区，以及邻近州的部分区域。

这份计划书耗费了大量时间，在充分征求外部意见的基础上数易其稿，最终成稿。初始版本在1980年5月28日批准通过，修订版在1987年8月3日由美国渔业和野生动物局区域主任约翰·L.斯平克斯（John L. Spinks）审核。该计划书的完成、修改，表明美国渔业和野生动物局、国家公园管理局是制定重建计划、开展"环境评估报告"的领导机构。

修订版计划书阐述道："狼在黄石公园区域内自然再繁殖的可能性极小，但是，从狼恢复的角度来看，目前把狼迁徙到黄石公园区域是恰当的。"①

对于狼恢复计划，引发了诸多质疑和反对声，其中最主要的反对者是牧场主。这些质疑大致可以归纳为如下几点，科学家也予以一一回应。

1. 狼从来没有真正栖息在黄石公园。韦弗（J. L. Weaver）在1978年就对从1800年代中期到1930年代后期狼在黄石地区的生存进行了完整的记录。② 而科学家哈德利（E. A. Hadly）通过考察也得出结论，"狼在黄石地区的生存应该在更早年代"③。

---

① U. S. Fish and Wildlife Service, *Northern Rocky Mountain Wolf Recovery Plan*, Department of the Interior, Washington, D. C. 1987, p. 24.

② J. L. Weaver, "Wolf Predation on the Nelchina Caribou Herd: A Comment", *Journal of Wildlife Management*, 53 (1989), pp. 243–250.

③ E. A. Hadly, *Late Holocene Mammalian Fauna of Lamar Cave and Its Implications for Ecosystem Dynamics in YNP*, Wyo.: M. S. thesis, Northern Arizona Univ., 1990.

2. 北落基山狼是原本栖息在黄石地区的狼的亚种,现在已经灭绝了,故引入另外的亚种是错误的。梅奇认为,大部分已确认的狼分类是任意的、无效的,新世界（指北美地区）分类学家对狼的亚种分类非常随意,因此这个质疑缺乏科学根据。欧亚大陆仅确认了 8 个亚种,而北美却命名了约 24 个亚种。梅奇认为栖息在黄石地区的狼和目前生活在加拿大东南部的狼属于同一种类。即使不是同一种类,所谓的 24 个亚种的绝大多数也是类似的。如果一定要区别开来,那必须经过大量头骨的测量才能予以辨识。诺瓦克（Nowak）对狼的分类也进行了重新梳理,他得出结论:北美狼仅有 5 个亚种。[①]

1. 狼对人类是危险的。但是,并没有任何资料显示,一只没有受到挑衅,且没有狂犬病的狼会严重伤害北美居民,甚至导致居民死亡;而且狂犬病似乎在加拿大中南部的狼身上也没有构成一个严重问题。[②]

2. 黄石公园的管理将因对狼的保护而导致对游客的限制。这一质疑与狼的生活习性是不相符的。狼具有群居特点,且喜欢生活在隐蔽区域,这使得狼难以构成对游客的威胁。而狼的这一生活习性早在 1979 年查普曼（Chapman）的论文中就已经揭示了。[③]

3. 狼在黄石地区将严重威胁家畜生存。无疑,在黄石公园外狼会捕食一些家畜,但是如果管理恰当,这种现象也会大幅降低。一些科学家的研究表明:在明尼苏达和阿尔伯塔,大部分狼的猎物

① R. M. Nowak, "A Perspective on the Taxonomy of Wolves in North America," in L. Carbyn, ed. *Proceedings of the Canadian wolf workshop*, Ottawa: Canadian Wildlife Service, 1983, pp. 10 – 19.

② L. D. Mech, "*Who's Afraid of the Big Bad Wolf*?" Audubon 92, no. 2 (1990), pp. 82 – 85.

③ R. C. Chapman, Human Disturbance at Wolf dens: A Management Problem, pp. 323 – 328 in R. M. Linn, ed. Proceedings of the first Conference on Scientific Research in the National Parks, NPS Transation Process Serial 5, Vol. 1. Department of the Interior, Washington, D. C., 1979.

主要是野生动物；那些捕食家畜的狼在官方的控制计划下被消灭。①
另外，为了进一步消除畜牧业主的疑虑，野生动物保护者协会
（Defenders of Wildlife）建立了专项基金来补偿畜牧业主因狼捕食家
畜而蒙受的损失。

4. 狼将捕食黄石公园中的猎物（主要指有蹄动物），造成这些
猎物大幅减少甚至灭绝。早在 1970 年，梅奇就对此问题进行了回
应：在其他国家公园内，这种现象根本就没有发生过。1988 年彼得
森和佩奇（Peterson and Page）也指出，罗亚尔岛国家公园内，狼
和它们的主要猎物驼鹿的密集度同时达到了最高点。② 另有 15 位狼
专家一致认为，狼恢复到黄石公园，它们并不会对它们的猎物数量
造成威胁。③

汉克·费舍尔（Hank Fischer）认为，这些质疑背后牵涉的实
际上是经济利益，主要是地方牧场主对家畜丢失的深深担忧。而要
消除这一担忧最可靠的方法就是坚实的科学基础。国会也感到，在
狼恢复之前，必须弄清楚这些问题。于是在 1989 年财年拨款
175000 美元就上述质疑中的几个问题开展研究，以获得确定性的
答案。

此时，公众对狼恢复计划表示了理解和支持。据 1987 年麦克
诺特的调查显示，黄石公园的绝大部分游客支持狼恢复计划。④ 另
一项对怀俄明州居民的调查显示：被调查者的一半支持狼恢复计

---

① 参见 S. H. Fritts, Wolf Depredation on Livestock in Minnesota, U. S. FWS, Resource Public, Washington, D. C. 1982, p. 145, J. R. Gunson, Status and management of wolves in Alberta. in L. Carbyn, ed. Proceedings of the Canadian wolf workshop, Ottawa: Canadian Wildlife Service, 1983, pp. 25 – 29.

② R. O. Peterson and R. E. Page, *The Rise and Fall of Isle Royale Wolves*, 1975—1986, J. Mamm, 69（1988），pp. 89 – 99.

③ National Park Service, *Wolves for Yellowstone? A report to the United States Congress*, Wyo. : YNP, Mammoth, 1990.

④ D. McNaught, "Wolves in Yellowstone Park? Park Visitors Respond," *Wildlife Society Bull*, 15（1987），pp. 518 – 521.

划，三分之一表示中立，仅有百分之十六不赞同。^① 但是，狼恢复
计划要想顺利实施，首要的、也是必需的工作还是制定详细的重建
计划和完成"环境影响评估报告"。

科学家们更加积极地参与到"环境影响评估报告"和重新引入
计划的撰写中。1989 年，国会发布了《狼研究指南》，随后 16 位
北美一流的狼科学家发布了一份报告《狼适合黄石吗?》（Wolves
for Yellowstone?）。报告总结道：狼历史上一直在黄石地区生活；狼
对三个州的畜牧业影响甚微；狼并不会影响已经处于危险中的灰熊
数量或有蹄动物数量，这些有蹄动物包括麋鹿、驼鹿、大角羊、北
美黑尾鹿、白尾鹿和叉角羚；狼还将有助于通道（或者地方）经
济^②。汉克·费舍尔高度评价这份报告："尽管报告的结论所产生的
影响并非地动山摇般，但是，它在公众教育中扮演了必要的角色，
并为一份绝对可靠的'环境影响评估报告'奠定了基础。"^③ 科学
家的研究还涉及活物诱捕、麻醉、转运、喂养等问题。黄石公园研
究专家约齐姆认为，"毫无疑问，科学研究的基础支撑了狼重新引
进公园的计划"^④。

黄石公园和中爱达荷州荒野区域的"狼重新引进与管理计划"
再次获得国会的 375000 美元拨款。1990 年狼管理委员会组成，由
内政部任命的十人组成，包括爱达荷州、蒙大拿州、怀俄明州渔业
和猎物部各一名代表，国家公园管理局、森林局、渔业和野生动物
局各一名代表，保护组织两名代表，畜牧业团体和运动团体两名代

---

① A. J. Bath and T. Buchanan, "Attitude of Interest Groups in Wyoming Toward Wolf Restoration in Yellowstone National Park," *Wildlife Society Bull*, 17 (1990), pp. 519 – 525.

② Hank Fischer, *Wolf Wars*: *The Remarkable Inside Story of the Restoration of Wolves to Yellowstone*. Helena, MT: Falcon Press, 1995, p. 154.

③ Hank Fischer, *Wolf Wars*: *The Remarkable Inside Story of the Restoration of Wolves to Yellowstone*. Helena, MT: Falcon Press, 1995, pp. 125 – 127.

④ MichaelYochim, *Protecting Yellowstone*: *Science and the Politics of National Park Management*. Albuquerque: University of New Mexico Press, 2013, p. 130.

表。到 1991 年 5 月，委员会提交了一份报告给内政部。这份报告构成了在《濒危物种法》下狼恢复工作的基础，也为推动国会立法奠定了基础。1993 年，由国家公园管理局、渔业和野生动物管理局共同撰写的"环境影响评估"报告完成，该报告提出狼应该以"试验性/非必需性"的数量重新引进。这种引进方式一方面允许狼重新引进公园，另一方面允许在有严格限制的条件下牧场主保护家畜。一些政界人士感觉到，狼以某种方式回归黄石公园似乎不可避免，于是他们开始支持"试验性/非必需性"方式引进狼。内政部长布鲁斯·巴比特（Bruce Babbitt）支持"环境影响评估报告"中的狼引进方案。在国会讨论狼重新引进法案时，牧场主予以反对，但巴比特在立法通过的最后阶段给予了足够的支持，从而使法案得以顺利通过。

（三）狼是"荒野"的关键部分

20 世纪 80 年代里根总统执政时期，联邦土地保护受到了激烈的批评，受此影响，美国人纷纷加入野生动物类的保护组织。此时，两部影片上映：1983 年的《永不哭泣的狼》（Never Cry Wolf）和 1990 年的《与狼共舞》（Dances with Wolves）。尤其是后者广受欢迎，展现了美国早期西部的大自然风景，唤醒了人们对西部荒野的记忆，在一定程度上有助于吸引人们关注并且支持黄石公园的狼恢复。[①]

梅奇是当时美国的狼研究权威，他总结了科学家们提供的最理性的重新引进方案。他说，"从字面上看，黄石公园就是一块期望拥有狼的地方。公园猎物丰富，曾经拥有狼，也是原本就应该恢复这一物种的地方。狼将为生态系统增添新的元素，这既可以将公园恢复到一个更自然的状态，也可以使公众更好地观赏公园景观。黄

---

① William R. Lowry, *Repairing Paradise*: *The Restoration of Nature in America's National Parks*, Washington, D. C.: Brookings Institution Press, 2009, p. 33.

石公园丢失的唯一物种是狼，没有狼在公园的活动，黄石公园就不
是真正的荒野。对于黄石公园而言，即便拥有所有的猎物类禽兽，
而缺乏与之相关的主要食肉动物，那么，公园依然不是完整或自然
的荒野"①。

　　梅奇的观点获得了广泛的认同，环保主义者及其组织也开始把
狼视为"荒野"系统的顶端，即整体、完整的黄石地区荒野的关键
部分。科学家关于狼与"荒野"紧密联系的宣传是成功的，如同费
舍尔所言，"1995 年 3 月 1 日，国家公园管理局的生物学家在他们
的笔端上释放了狼。金属闸门完全打开了，黄石公园正在恢复为完
整的荒野"②。2005 年，黄石狼生物学家道格拉斯·史密斯（Doug-
las Smith）的著作选择了"荒野"的话语，即《狼的二十年：让荒
野返回黄石》（*Decade of the Wolf: Returning the Wild to Yellowstone*）。
1990 年代末，游客调查显示：对狼和熊的观赏已经取代对公园的著
名热液特征的观赏。"荒野的顶端"回到了这个国家最宏伟的荒野
保存地；生物学家对此弹冠相庆，游客热衷观赏。③

　　关于科学家在狼回归黄石公园事业上的作用，梅奇曾在 1991
年的论文中指出："在恢复黄石狼的工作中，没有什么比科学更为
必要的了。""对比平洛特 1967 年孤掌难鸣般的声音，目前对恢复
狼到黄石公园的表达和支持成了一种整体文化，并持续不断地获得
了人们喧嚣般的附和。"④ 约齐姆认为，对于一位知名的狼权威专家

　　① Hank Fischer, *Wolf Wars: The Remarkable Inside Story of the Restoration of Wolves to Yellowstone*, Helena, MT: Falcon Press, 1995, p. 64.

　　② Hank Fischer, *Wolf Wars: The Remarkable Inside Story of the Restoration of Wolves to Yellowstone*, Helena, MT: Falcon Press, 1981, p. 167.

　　③ William R. Lowry, *Repairing Paradise: The Restoration of Nature in America's National Parks*, Washington, D. C: Brookings Institution Press, 2009, pp. 42 – 47.

　　④ L. David Mech, "Returning the Wolf to Yellowstone", *The Greater Yellowstone Ecosystem: Redefining America's Wilderness Heritage*, ed. Robert B. Keiter and Mark S. Boyce (New Haven, CT: Yale University Press, 1991), pp. 309 – 322.

而言，这是一个大胆的阐述，表明在协助国家公园管理局、渔业与野生动物局促使狼重新引进的合法性方面，"科学研究提供的意见具有针对性、一贯性和基础性，它为公园管理者的意图提供了支撑"①。更为重要的是，科学家们对科学研究的成果进行了清晰而简洁的概括，并通过公开出版物回答了反复提及的根本性问题：狼属于黄石公园吗？狼适合黄石公园吗？

随着1995年狼在黄石公园重新引入，科学家们便再次掀起了新的研究热潮，在随后的十年间产生了近100份新出版物。科学家们发现，狼重新引入到黄石公园产生的良好生态效应甚至超出了他们的期望。2009年，威廉·劳里指出，狼重新返回黄石公园后，灰熊生活得更好了，已从濒危物种名录中删除了；所有的有蹄动物不仅广泛存在，而且数量丰富；曾经被麋鹿严重毁坏的杨树也显示出恢复的迹象；地区经济欣欣向荣；游客也获得了观赏狼的机会。总之，无论从哪个角度来看，狼恢复工程都是一项成功的生态修复。②

本章小结

科学家在环保运动中发挥着不可替代的作用，在国家公园管理中也越来越成为一支不可忽视的重要力量。他们获得了专项资金，从事着广泛的生态学研究，不再仅仅局限于过去"问题导向"的研究，而是开始了长期的基础性研究，这些研究成为公园管理理念，特别是野生动物管理新理念的基础。由于他们的努力，还有管理层管理观念的转变，野生动物栖息地得到了保护，这完全超越了过去

---

① MichaelYochim, *Protecting Yellowstone*: *Science and the Politics of National Park Management*, Albuquerque: University of New Mexico Press, 2013, p. 130.

② William R. Lowry, *Repairing Paradise*: *The Restoration of Nature in America's National Parks*, Washington, D. C: Brookings Institution Press, 2009, p. 38.

只是针对个体动物的保护；狼也重新回归了黄石国家公园，"大生态系统"的完整性得到了保障。黄石国家公园的野生动物和自然资源保护进入到了一个新的时代。

结　　语

　　黄石公园以其壮美的景观、民族主义的象征而成为美国第一个国家公园，它的创建体现了美国人保护本民族的独特景观，并为未来一代提供享受自然的良好愿望。但是，黄石公园早期并没有真正起到保护好良好生态的作用，作为公园生态链重要环节的野生动物，反而遭遇了被野蛮屠杀的悲剧，公园的生态保护问题由此而来。但是，在黄石公园历史上，对公园的生态管理呈现出阶段性的特征，每一个阶段的管理重点聚焦于某一种野生动物之上，例如灰熊在 20 世纪 60 年代中期至 70 年代中期最受关注；野牛自 20 世纪 80 年代以来受到持续关注；狼也在 80 年代以来逐渐成为管理者重点关注的对象。唯一例外的是，麋鹿问题一直是管理的重点，所以，在黄石公园野生动物管理史上，新的生态管理理念往往由麋鹿问题引发出来的。20 年代的"保存原始自然"、30 年代的"自然平衡观"、40 年代的"自然规制"都是如此。这成为黄石公园野生动物管理的一个特点。

　　在科学家的推动下，黄石公园的生态管理理念随着时代的发展不断演进。黄石公园建立之初，人们对公园的资源状况知之甚少，对于国家公园如何运行、未来如何发展茫然无知。因此，管理者们对公园的管理方式大多效仿已有的模式，尤其是英国和北美地区早期的猎物保存方式，即保护对象只限于几种野生动物。这种管理方式有着盲目的自信和强烈的道德感，一方面他们认为自然系统能够自行维持运转，并且能通过保护几种特定的自然资源来确保系统良好地运转；另一方面该管理方式以道德标准来区分野生动物，即保护"好的"野生动物，而灭绝"坏的"野生动物。进入 20 世纪 20年代，科学家观察到这种方法在复杂的生态系统中不可能确保自然系统良好地运转。因为食肉动物的大幅减少甚至部分物种面临灭绝，使得有蹄动物数量急剧增长，从而带来了草场生态的破坏。以查尔斯·亚当斯为代表的生态学家提出了"保存原始自然"的理念，并创建了野生动物处，但终因势单力薄，而归于失败。30 年代中期，草场的退化也引来公众的强烈不满，而这种情绪又因凯巴布高原悲剧的出现而进一步受到刺激。管理者亦担忧，如果任由有蹄动物增长，这些数十年来获得精心喂养和保护的物种可能死于退化的草场。在这种背景下，草原科学家拉什、野牛专家卡哈兰等人提出，为了保护草原生态必须人工减少有蹄动物的数量。于是，有蹄动物的精选政策（culling）得以实施，其理论基础就是"自然平衡"观。

这一政策的持续实施导致大量麋鹿、野牛遭到屠杀。到 60 年代中期，电视和杂志对野生动物遭到屠杀的细节予以细致描述和持续报道，引起了人道主义组织和运动员团体的激烈反对，也导致了《利奥波德报告》和《罗宾斯报告》的出台。

在科学家们的努力下，管理层改变了管理政策，精选政策停止了，新的管理方式"自然规制"出台，其主要特征是，它不再把重点放在人类对公园生态系统的要素和过程的干预上。这种新的管理方式有着更坚实的理论基础，体现了当时的科学家们对自然生态系统更深刻的理解，其含义是"允许有蹄动物不被人类干预而无束缚的生存，其数量可以实现自然控制"。"自然规制"是在黄石公园这个特定环境下产生的生态理念，随后又迅速推广到其他大型国家公园。

　　然而，"自然规制"下的野生动物管理也出现诸多问题，如麋鹿依然过多、野牛迁徙到公园外给人类财产造成损失等等。这使得人们继续探索野生动物保护的良方。科学家们又提出了新的生态管理理念"保护栖息地""大黄石生态系统"等，新理念超越了对单一物种的保护，从生态系统视角来思考野生动物的保护。而在关于狼重新恢复到黄石公园的争论中，科学家们更是发挥了主动且关键性作用。1995 年，狼回归黄石公园，成为黄石公园保护史上的重要篇章。

　　在这一历史过程中科学家的作用体现在两个方面。一方面是科学家不断实现自身的突破。随着内战后美国经济的迅猛发展，西部大开发的加速推进，白人踏入黄石地区的脚步也不断加快，按照当时人类对自然进行开发与利用的思想，人类必然会对这块美丽的土地进行开发与利用。一批有识之士挺身而出，担当起保护黄石地区的责任，其中就有地质学家海登，正是他的科学勘探报告为黄石国家的创建提供了坚实的科学基础。不过，遗憾的是，早期的科学家并没有提出对黄石公园生态环境进行保护的生态理念。然而，又值得庆幸的是，科学家群体在推动科学事业发展、推进环境保护的历史过程中也在不断地突破自己的观念束缚。从早期地质学家对黄石地区的地质勘探、博物学者对野生动物的标本搜集，到生态学家、动物学家提出"保存原始自然""自然规制"，最后提出"大黄石生态系统"，他们不断加强对黄石地区生态的研究，深化对黄石地区生态的理解，力图重建人与自然的和谐关系，反映出科学家们勇于探索、不断进取的独特品质和精神气质。

　　另一方面，科学家们还不断与那些在管理部门中不利于环保事业的干扰势力作斗争，并影响他们，改变他们。

　　黄石公园管理局早期形成的"旅游导向"的管理文化，其特征是重视旅游设施的建设，积极推进旅游业的发展。虽然马瑟、奥尔布赖特等人不倡导对资源的无节制开发与利用，但是他们所构建的管理文化依然有着鲜明的"利用自然"的特点。这种管理文化有其深厚的历史根源，甚至可以追溯到欧洲"近代绝对的人类中心主义自然观"，而这种自然观传播到新大陆后又打上了美国印记而赋予了"自然的价值仅仅限于供人类利用的实用性价值"① 的观念。由此可见，早期的"旅游导向"的管理文化具有相当强的顽固性，要改变并非轻而易举。

科学家与管理者对黄石公园的观念属于两种完全不同的认知系统。任何一个国家公园总被以两种认知系统来看待：科学家通常把"变化"看成自然过程或者生态系统中不平衡的结果；而管理者却总是把"变化"视为"问题"。管理者的这种认知对公园中的科学研究所产生的负面影响很大，一方面忽略了研究者作为知识生产者的角色，另一方面也阻碍了科学家们从事长期基础研究的动力。

在这种管理文化之下，科学家们面临着几个不利局面："管理机构中的上层管理人员既无田野工作的经历，又缺乏对荒野区域的深厚感情"，而"基层工作人员对荒野有着直接体验和感情，但政治往往令他们发挥不了应有的作用"②。长期以来，科研人员匮乏、科研经费不足，有限的资金和人员分配也仅限于特定问题的解决上，而非增进对生态系统的理解，研究成果对管理决策影响微弱，甚至被忽略。

然而，科学家们勇于创造机遇，善于抓住时机，扭转不利局面，逐步提高自身影响力。在"进步主义"时代，他们紧扣时代对自然美景的追求，提出保护濒临灭绝的物种并采取保护行动。20世纪30年代末，他们又提出并实践以"自然平衡观"为基础的野

① 付成双：《美国生态中心主义观念的形成及其影响》，《世界历史》2013 年第 1 期。
② Sierra Club, *This Land is Your Land*, San Francisco: Sierra Club Books, 1984, p. 224.

生动物的数量管理，为未来进一步探索新的生态保护理念奠定了基础。科学家不懈的努力所产生的影响力在 20 世纪 40、50 年代就显现出来了，这可以从 50 年代的国家公园管理局长德鲁里身上反映出来。当时德鲁里为拆除一些影响野生动物活动的设施，而不惜与前任主任奥尔布赖特发生争论，并拒绝奥尔布赖特提出的保留设施的要求。到 60、70 年代，在美国环保运动兴起并形成世界性环保运动的浪潮下，科学家们抓住历史性的机遇，通过对自然生态的深刻理解，充分地阐述了国家公园的生态状况，科学地表述了国家公园的理念。这极大了改变了国家公园发展的方向，扭转了"旅游导向"的管理文化和重视"游憩娱乐"的国家公园理念的错误导向，从而树立"保存原始自然""保护生态系统"的新的国家公园理念。

那么，他们所使用的斗争武器是什么呢？主要是他们的科学研究成果和独特的话语体系。首先，科学家作为一个独特的群体，他们对社会产生重大影响的方式是他们的科学研究成果。科研成果能够为政府制定政策提供决策依据，重大的科研成果甚至会改变人们看待世界的方式，影响人类社会的发展走向。同样，在黄石公园里，科学家对公园野生动物保护产生影响的方式首先也是他们关于黄石公园的科学研究成果。这些研究成果能为管理者提供野生动物管理决策的依据，为人们提供生态理念，促进人们对国家公园的理解。例如，20 世纪 20 年代以前，人们的国家公园理念是"保存自然景观，并为未来一代享用"，强调的是国家公园景观的独特性和游憩的娱乐性。然而，到 20 世纪 20 年代以后，这一国家公园理念虽然没有被彻底颠覆，但国家公园理念获得了新的内涵。生态学家们提出的"保存原始自然"思想，界定了国家公园对物种的保存标准，为食肉动物的保护提供了思想基础。

其次，科学家的独特话语体系。他们善于将黄石公园的保护与民族主义情感和新的生态伦理观联系在一起，以此获得民众的认可和舆论的支持。运用一些富有情感色彩的词语来调动人们的情绪并非只属于人文学者，科学家也常常使用情感色彩浓厚的词汇来获得舆论的支持。例如，蕾切尔·卡逊，她使用"寂静的春天"为书名来表达杀虫剂带来的可怕的生态灾难，犹如在人们心中扔下了一颗警示的炸弹，唤醒了人们对环境的关注。黄石公园的科学家们也不例外，他们也善于使用富有情感色彩的词汇。"保存原始自然"就是一个饱含民族主义情感的概念，这一概念强化了黄石公园"美国象征性景观"的形象，并使之构成美国的"生态基石"。这一表达成为 20 年代以后的科学家们经常使用的词汇。《利奥波德报告》和《罗宾斯报告》几乎同时发布，两份报告唤起了美国人对西部荒野的追忆，其中《利奥波德报告》用了"原始图景"一词来描述美国西部国家公园，这自然地使人们把国家公园当成西部荒野的保存地。其阐述的生态原则是，国家公园具有"生态复杂性和多样性"，蕴涵着"保障自然权利"的生态伦理观。在狼回归黄石公园的辩论中，科学家更是表达了野生动物的权利观，如同前述梅奇所言，"如果印第安人都能发现空间，不，是制造空间以让老虎获得特别的保存，那么，美国为什么不能在它的第一个和最重要的国家公园内为狼发现生存空间呢？"这种质问，恰好又与 20 世纪 60、70 年代的民权运动的话语保持了一致，即关注少数群体的权利。

在科学家为保护自然生态作出贡献的历史进程中，黄石公园成为他们研究的焦点，正是它所存在的问题引发了科学家的长期关注，才成就了 60 年代的两份重要的科学报告，才形成了影响深远的"自然规制""大黄石生态系统"等生态思想。黄石公园因而也才成为人类保护自然、维护生态的典范。

科学家在黄石公园进行的科学研究和保护实践，促使生态保护理念不断更新完善，最终形成了"自然规制""大黄石生态系统"

的生态理念。在探索历程中，查尔斯·亚当斯、威廉·拉什、道格拉斯·休斯顿、斯塔尔克·利奥波德、克莱海德兄弟等一大批科学家都是他们自身所处时代的"环境先知"，他们通过生态理念传递出的生态智慧，是人类生态思想宝库中的瑰宝。例如，"自然规制"不仅成为当时黄石公园保护的重要思想，而且迅速成为其他国家公园的管理思想。不仅如此，它还引导人们去进一步思考对野生动物的管理和保护。70年代末，C. J. 沃尔特斯在"自然规制"思想的基础上提出适应性管理（adaptive management），80年代，他以著作的形式系统论述了这一思想。[①] 适应性管理特别重视应对生态系统的复杂性和不确定性。1991年，M. R. 博伊斯提出"生态过程管理"（ecological process management）的思想，更强调生态系统各要素的自然运行。[②] 这些新的生态保护（或管理）思想都是在"自然规制"思想和实践的基础上提出的，由此可见"自然规制"生态思想的重要价值。

　　"大黄石生态系统"既是一个区域概念，也是一种生态理念，它的形成不仅对黄石公园以及美国国家公园体系的管理产生了巨大影响，而且也对人类思考人与自然的关系提供了一种新的方式。在人类把世界上每一个角落都纳入到经济快速发展轨道上的时代背景下，"大黄石生态系统"不啻一剂清醒剂。许多学者称"大黄石生态系统"是"卓越的实验室"[③]。政治学学者史蒂文·普利姆和蒂姆·克拉克则认为，"大黄石生态系统"对类似这么大的地区提出了更高的科学研究要求：需要关于生态系统构成和过程足够的基础

---

　　① C. J. Walters, *Adaptive Management of Renewable Re-sources*, Macmillan, New York, USA, 1986.

　　② M. R. Boyce, "Natural Regulation or the Control of Nature?" pp. 183 – 208. in R. B. Keiter and M. R. Boyce, eds., *The Greater Yellowstone Ecosystem*, Yale University Press, New Haven, Connecticut, USA, 1991.

　　③ Lewis, ed., "Greater Yellowstone-the Model for Ecosystem Management", Greater Yellowstone Report 10 (2) Spring 1993: 3.

性知识，以及与之相适应的生态监控手段和更完善的知识工具。①

　　事实上，"大黄石生态系统"也改变了科学家研究"大黄石地区"的方法，拓宽了他们研究的思路。② 正是大黄石生态系统引发的科学模型和研究方法为我们理解公园中的生命打开了一扇窗，这个理念也为我们重新构想地球上的人类生活提供了一种隐喻的力量。这当然也意味着，保护生态、维护人与自然的和谐关系，不仅是少数人的责任，更是全人类的共同使命。

---

① Steven A. Primmand Tim W. Clark，"The Greater Yellowstone Policy Debate：What is the Policy Problem?" *Policy Sciences*，29（1996），pp. 137 - 166.
② 例如，蒙大拿州立大学生态学教授安迪·汉森在《大视野思考大黄石区域》（Thinking Big about the Greater Yellowstone）一文中就有所论述。参阅 Johnson，Jerry，*Knowing Yellowstone：Science in America's First National Park*，Lanham，Maryland：Taylor Trade Publishing，2010，pp. 1 - 15.

附　录

国家公园管理局历任局长（1917—1997）：

斯蒂芬·马瑟（Stephen T. Mather），1917 年 5 月—1929 年 1 月

贺拉斯·奥尔布赖特（Horace M. Albright），1929 年 1 月—1933 年 8 月

亚诺·康莫雷（Arno B. Cammerer），1933 年 8 月—1940 年 8 月

牛顿·德鲁里（Newton B. Drury），1940 年 8 月—1951 年 3 月

亚瑟·德马雷（Arthur E. Demaray），1951 年 4 月—12 月

康拉德·沃斯（Conrad L. Wirth），1951 年 12 月—1964 年 1 月

乔治·哈特佐格（George B. Hartzog, Jr.），1964 年 1 月—1972 年 12 月

罗纳德·沃克（Ronald H. Walker），1973 年 1 月—1975 年 1 月

盖里·埃弗哈德特（Gary Everhardt），1975 年 1 月—1977 年 5 月

威廉·惠伦（William J. Whalen），1977 年 6 月—1980 年 5 月

拉塞尔·迪克森（Russell E. Dickson），1980 年 5 月—1985 年 3 月

威廉·佩恩·莫特（William Penn Mott），1985 年 5 月—1989 年 4 月

詹姆斯·里德诺（James M. Ridenour），1989 年 4 月—1993 年
1 月

罗杰·肯尼迪（Roger G. Kennedy），1993 年 6 月—1997 年 3 月

参考文献

中文部分

著作（含译著）：

包茂宏：《环境史学的起源和发展》，北京大学出版社 2012 年版。

高国荣：《美国环境史学研究》，中国社会科学出版社 2014 年版。

李如生：《美国国家公园管理体制》，中国建筑工业出版社 2005 年版。

梅雪芹：《环境史研究绪论》，中国环境科学出版社 2011 年版。

滕海建：《战后美国环境政策史》，吉林文史出版社 2007 年版。

徐再荣：《20 世纪美国环保运动与环境政策研究》，中国社会科学出版社 2013 年版。

余谋昌：《生态哲学》，陕西人民教育出版社 2000 年版。

［美］J. 唐纳德·休斯：《什么是环境史》，梅雪芹译，北京大学出版社 2008 年版。

［美］罗·麦金托什：《生态学概念和理论的发展》，徐嵩岭译，中国科学技术出版社 1992 年版。

［美］罗德里克·弗雷泽·纳什：《荒野与美国思想》，侯文蕙、侯钧译，中国环境科学出版社 2012 年版。

［美］纳什：《大自然的权利：环境伦理学史》，杨通进译，青岛出版社 2005 年版。

［美］唐纳德·沃斯特：《自然的经济体系：生态思想史》，侯文蕙译，商务印书馆 1999 年版。

［美］汤姆·雷根：《动物权利研究》，李曦译，北京大学出版社 2010 年版。

［澳］沃里克·弗罗斯特、［新西兰］C. 迈克尔·霍尔编：《旅游与国家公园：发展、历史与演进的国际视野》，王连勇译，商务印书馆 2014 年版。

［美］辛格：《动物解放》，祖述宪译，青岛出版社 2004 年版。

［美］约翰·缪尔：《我们的国家公园》，郭名倞译，吉林人民出版社 1999 年版。

期刊论文：

包庆德、张秀芬：《〈生态学基础〉：对生态学从传统向现代的推进——纪念 E. P. 奥德姆诞辰 100 周年》，《生态学报》2013 年第 12 期。

陈耀华、张帆、李斐然：《从美国国家公园的建立过程看国家公园的国家性——以大提顿国家公园为例》，《中国园林》2015 年第 2 期。

付成双：《美国生态中心主义观念的形成及其影响》，《世界历史》2013 年第 1 期。

高国荣：《20 世纪 90 年代以前美国环境史研究的特点》，《史学月刊》2006 年第 2 期。

高科：《美国西部探险与黄石国家公园的创建（1869—1872）》，《史林》2016 年第 1 期。

侯文蕙：《环境史和环境史研究的生态学意识》，《世界历史》2004 年第 3 期。

马建章、罗理扬、邹红菲：《美国的野生动物保护区和国家公园》，《野生动物》1999 年第 5 期。

邬建国：《生态学范式变迁综论》，《生态学报》1996 年第 5 期。

王鹏飞、安维亮：《国家公园与国家认同——以黄石公园诞生为例》，《首都师范大学学报》（自然科学版）2011 年第 6 期。

远海鹰：《美国国家公园管理和野生动物保护》，《野生动物学报》1990 年第 4 期。

杨锐：《土地资源保护：国家公园运动的缘起与发展》，《水土保持研究》2003 年第 3 期。

英文文献部分

原始文献：

Albright, Horace M. , *Annual Report of the Superintendent of the Yellowstone National Park*, Washington, D. C. : Government Printing Office, 1920—1928.

American Heritage Center, Laramie（AHC）

Craighead Family Collection

Adolph Murie Collection

Olaus Murie Collection

Conger, Patrick H. , *Report of the Acting Superintendent of the Yellowstone National Park*, Washington, D. C. : Government Printing Office, 1882—1883.

Dilsaver, Lary M. , ed, *America's National Park System*：*The Critical Documents*, Lanham, Maryland：Rowman & Littlefield Publishers, Inc. , 1994.

Endangered Species Act of 1973. Department of the Interior, U. S. Fish and Wildlife Service Washington, D. C. 2020.

Houston, D. B. , *The Northern Yellowstone elk. Parts I and II*：*history and demography*, Wyoming：National Park Service, Yellowstone National Park, 1974.

Houston, D. B. , *The Northern Yellowstone Elk*: *Ecology and Management*, New York: Macmillan, 1982.

National Archives, College ParkMD (NACP)

RG 22 Records of Fish and Wildlife Service

RG 79 Records of the National Park Service

RG 35 Records of David Madsen

National Park Service, *Management Policies*, Washington, D. C. : GPO, 1988.

National Park Service, *State of the Parks* – 1980. *A Report to Congress*, Washington, D. C. : GPO, 1980.

National Park Service, *Wildlife Management in the National Parks*, Washington, D. C. : United States Department of the Interior, 1947— 1950, 1962, 1963.

National Park Service, Director's Annual Report, Washington, D. C. : United States Department of the Interior, 1920.

Norris, Philetus, *Report on the Yellowstone National Park to the Secretary of the Interior*, Washington: U. S. Government Printing Office, pp. 1877 – 1880.

Rogers, Edmund B. , *Annual Report of the Superintendent of the Yellowstone National Park*, Washington, D. C. : Government Printing Office, 1936—1951.

Rush, William, *Final Report on Elk Study*, *Northern Yellowstone Herd*, YNPL vertical files, 1932.

J. D. varley and W. G. Brewster, eds. , *Wolves for Yellowstone? A report to the Unites States Congres*s, Vol. 4, research and analysis. National Park Service, Yellowstone National Park, 1992.

U. S. Senate, Hearings before a Subcommittee on Appropriations. U. S. Senate: First Session on Control of Elk Populations in Yellowstone National Park. U. S. Government Printing Office. Washington, D. C. , USA, 1967.

Varley, John D. and Wayne G. Brewster, eds. , *Wolves for Yellowstone? A Report to the United States Congress*, *Volume IV Research and Analysis.* Yellowstone National Park, WY: National Park Service, 1992.

Weaver, J. , The Wolves of Yellowstone, *Natural Resources Report no.* 14, *Yellowstone National Park*, Washington, D. C. : GPO, 1978.

Wright, George M. and Ben H. Thompson, *Wildlife Management in the National Parks*, Fauna Series No. 2, Washington, D. C. : Government Printing Office, 1934.

Yellowstone National ParkArchives (NAYNP)

box N – 25

box N – 48

box N – 52

boxes N – 64 to N – 67

BoxN – 70

Yellowstone National ParkLibrary (YNPL)

File "Pelicans/Material," vertical files

著作:

Albright, Horace M. , *The Birth of the National Park Service: The Founding Years*, 1913—1933, by Horace M. Albright as told to Robert Cahn, Salt Lake City and Chicago: Howe Brothers, 1985.

Albright, Horace M. and MarianAlbright. *Creating the National Park Service: The Missing Years*, Norman: University of Oklahoma Press, 1999.

Chase, Alston, *Playing God in Yellowstone: The Destruction of America's First National Park*, Boston/New York: The Atlantic Monthly Press, 1986.

Clark, Susan G. , *Ensuring Greater Yellowstone's Future: Choices for Leaders and Citizens*, New Haven: Yale University Press, 2008.

Clark, TimW. and Murray B. Rutherford, Denise Casey, Eds. *Coexisting with Large Carnivores: lessons from Greater Yellowstone*, Washington: Island Press, 2005.

Coates, Peter, ed. , *Nature: Western Attitudes Since Ancient Times*, Berkeley: University of California Press, 1998.

Cronon, William, *Changes in the Land: Indians, Colonists, and the Ecology of New England.* New York: Hill and Wang, 1983.

Cronon, William, ed. *Uncommon Ground: Toward Reinventing Nature*, New York: W. W. Norton & Company, 1995.

Cramton, Louis C. , *Early History of Yellowstone National Park and Its Relation to National Park Policies*, Washington D. C. : United States Government Printing Office, 1932.

Dunlap, Thomas R. , *Saving America's Wildlife*, Princeton: Princeton University, Press, 1988.

Everhart, William C. , *The National Park Service*, New York: Praeger Publishers, 1972.

Ethan Carr, *Mission 66: Modernism and the National Park Dilemma*, Amherst: University of Massachusetts Press in association with the Library of American Landscape History, 2007.

Farrell, Justin, *The Battle for Yellowstone: Morality and the Sacred Roots of Environmental Conflict*, Princeton University Press, 2015.

Flannery, Tim, *The Eternal Frontier: An Ecological History of North A-*

merica and Its Peoples, London: William Heinemann Ltd. , 2001.

Franke, Mary Ann, *Save the Wild Bison: Life on the Edge in Yellowstone*, Norman: University of Oklahoma Press, 2005.

Freemuth, John C. , *Islands Under Siege: National Parks and the Politics of External Threats*, Lawrence: University Press of Kansas, 1991.

Fisher, Hank, *Wolf Wars: The Remarkable Inside Story of the Restoration of Wolves to Yellowstone*, Falcon Press Publishing Company, Helena, Montana, 1995.

Foresta, Ronald A. , *America's National Parks and Their Keepers*, Washington, D. C. : Resources for the Future, 1984.

Forster, Richard, *Planning for Man and Nature in National Parks: Reconciling Perpetuation and Use*, Morges, Switzerland: IUCN, 1973.

Flader, Susan, *Thinking Like a Mountain: Aldo Leopold and the Evolution of an Ecological Attitude toward Deer, Wolves, and Forests*, Columbia: University of Missouri Press, 1974.

Garrison, Lemuel A. , *The Making of a Ranger: Forty Years with the National Parks*, Salt Lake City: Howe Brothers, 1984.

Germic, Stephen A. , *American Green: Class, Crisis, and the Deployment of Nature in Central Park, Yosemite, and Yellowstone*, New York: Lexington Books, 2001.

Gottlieb, Robert, *Forcing the Spring: The Transformation of the American Environmental Movement*, Washington, D. C. : Island Press, 1993.

Grusin, Richard, *Culture, Technology, and the Creation of America's National Parks*, New York: Cambridge University Press, 2004.

Haines, Aubrey L. , *Yellowstone National Park*: *Its Exploration and Establishment*, Washington, D. C. : U. S. Department of Interior, National Park Service, 1974.

Haines, Aubrey L. , *The Yellowstone Story*: *A History of our First National Park*, Vols. 2, Yellowstone National Park, WY: Yellowstone Library and Museum Association, incooperation with Colorado Associated University Press, 1970.

Hays, Samuel P. , *Conservation and the Gospel of Efficiency*: *The Progressive Conservation Movement*, 1890—1920. Cambridge: Harvard University Press, 1959.

Heacox, Kim, *An American Idea*: *The Making of the National Parks*, Washington D. C. : National Geographic, 2001.

Isenberg, Andrew C. , *The Destruction of the Bison*: *An Environmental History*, 1750—1950, New York: Cambridge University Press, 2000.

Ise, John, *Our National Park Policy*: *A Critical History*, Baltimore: The Johns Hopkins Press, 1961.

Jacoby, Karl, *Crimes Against Nature*: *Squatters*, *Poachers*, *Thieves*, *and the Hidden History ofConservation*, Berkeley: University of California Press, 2001.

Johnson, Jerry, *Knowing Yellowstone*: *Science in America's First National Park*, Lanham, Maryland: Taylor Trade Publishing, 2010.

Jones, Charles Jesse, *Buffalo Jones' Forty Years of Adventure*: *A Volume of Facts Gathered fromExperience*, Compiled by Henry Inman, Topeka, KS: Crane & Co. , 1899.

Kaufman, Polly Welts, *National Parks and the Woman's Voice*: *A History*, Albuquerque: University of New Mexico Press, 1996.

Keiter, Robert B. and Mark S. Boyce, eds. , *The Greater Yellowstone E-cosystem: Redefining America's Wilderness Heritage*, New Haven, Connecticut: Yale University Press, 1991.

Lewis, Michael, ed. , *American Wilderness: A New History*, New York Oxford University Press, 2008.

Lowry, William R. , *The Capacity for Wonder: Preserving National Parks*, Washington, D. C. : The Brookings Institution, 1994.

Lowry, William R. , *Repairing Paradise: The Restoration of Nature in America's National Parks.* Washington, D. C: Brookings Institution Press. 2009.

Magoc, Chris J. , *Yellowstone: The Creation and Selling of an American Landscape*, 1870—1903, Albuquerque: University of New Mexico Press; Helena: Montana Historical Society Press, 1999.

McNamee, Thomas, *The Return of the Wolf to Yellowstone*, New York: Henry Holt and Co. , 1997.

Mech, L. D. , "*The Wolf: The Ecology and Behavior of an Endangered species*", Minneapolis: University of Minnesota Press, 1970.

Meyer, Judith, *The Spirit of Yellowstone: The Cultural Evolution of a National Park*, Lanham, MD: Rowman & Littlefield, 1996.

Meine, Curt, *Aldo Leopold: His Life and Work*, Madison: University of Wisconsin Press, 1988.

Miles, John C. , *Wilderness in National Parks: Playground or Preserve*, Seattle: University of Washington Press, 2009.

Nasr, Seyyed Hossein, *Man and Nature: The Spiritual Crisis of Modern Man*, London: Unwin Paperbacks, 1990.

O'Brien, Dan, *Buffalo for the Broken Heart: Restoring Life to a Black Hills Ranch*, New York: Random House, Inc. , 2002.

Pritchard, James A. , *Preserving Yellowstone's Natural Conditions*：*Science and the Perception of Nature*, Lincoln：University of Nebraska Press, 1999.

Reittie, Dwight F. , *Our National Park System*：*Caring for America's Greatest Natural and Historic Treasures*, Champaign, Ill. ：University of Illinois Press, 1995.

Robert B. Keiter, *To Conserve Unimpaired*：*The Evolution of the National Park Idea*, Washington, D. C. ：Island Press, 2013.

Ross-Bryant, Lynn, *Pilgrimage to the National Parks*：*Religion and Nature in the United States*, New York：Routledge, 2013.

Runte, Alfred, *Trains of Discovery*：*Railroads and the Legacy of our National Parks*, Lanham, New York：A Rorberts Rinehart Book, 2011.

Runte, Alfred, *National Parks*：*The American Experience*, Lincoln：University of Nebraska Press, 1979.

Sax, Joseph, *Mountains without Handrails*：*Reflects on the National Parks*, The University of Michigan Press, 1980.

Schullery, Paul, *Seaching for Yellowstone*：*Ecology and Wonder in the Last Wildness*, Montana Historical Society Press, 2004.

Schullery, Paul, *The Bears of Yellowstone*, Worland：High Plains Publishing Company, 1992.

Smith, Douglas W. and Gary Ferguson, *Decade of the Wolf*：*Returning the Wild to Yellowstone*, Guilford, CT：The Lyons Press, 2005.

Smith, F. Dumont, *Book of a Hundred Bears*, Chicago：Rand, McNally & Company, 1909.

Shepard, Paul and Barry Sanders, *The Sacred Paw*：*The Bear in Nature*, Myth and Literature, New York：Viking, 1985.

Sellars, Richard West, *Preserving Nature in the National Parks*：*A his-*

tory, New Haven: Yale University Press, 1997.

Steinberg, Ted. , *Down To Earth: Nature's Role in American History*, New York: Oxford University Press, 2002.

Swain, Donald C. , *Federal Conservation Policy*, 1921—1933, Berkeley: University of California Press, 1963.

Swain, Donald C. , *Wilderness Defender: Horace M. Albright and Conservation*, Chicago: University of Chicago Press, 1970.

Turner, Frederick, *Beyond Geography: The Western Spirit Against the Wilderness*, 5th edition, New Brunswick, NJ: Rutgers University Press, 1994.

Wallace, Linda L. , ed. , *After the Fires: The Ecology of Change in Yellowstone National Park.* New Haven, 2004.

Wagner, Frederic H. , *Yellowstone's Destablized Ecosystem: Elk Effects, Science, and Policy Conflict*, New York: Oxford University Press, 2006.

Wagner, E. H. , R. Foresta, R. B. Gill, D. R. McCullough, M. R. Pelton, W. F Porter, and H. Salwasser, *Wildlife Policies in the U. S. National Parks*, Washington D. C. : Island Press, 1995.

Wirth, C. L. , *Parks, Politics and the People*, Norman: University of Oklahoma Press, 1980.

Wright, R. Gerald, *Wildlife Research and Management in the National Parks*, Urbana: University of Illinois Press, 1992.

Yochim, Michael, *Protecting Yellowstone: Science and the Politics of National Park Management*, Albuquerque: University of New Mexico Press, 2013.

学位论文:

Hanley, Scott Edward, Wildlife Management in Yellowstone National

Park, 1962—1976, Master's thesis, University of Wyoming, 1992.

Kay, C. E. Yellowstone's Northern Elk Herd: A Critical Evaluation of the "Natural Regulation" Paradigm, Ph. D. , Utah State University, 1990.

Krajnc, Anita, Green Learning: The Role of Scientists and the Environmental Movement, Ph. D. , University of Toronto, 2001.

Lavigne, Jean Elizabeth, Constructing Yellowstone: Nature and Environmental Politics in the Rocky Mountain West, Ph. D. , University of Kentucky, 2003.

McNaught, D. , Park Visitor Attitudes toward Wolf Recovery in Yellowstone National Park, Master's Thesis, University of Montana, 1985.

Turney, Elaine C. Prange, From Reformations to Progressive Reforms: Paradigmatic Influences on Wildlife Policy in Yellowstone National Park, Ph. D. , Texas Christian University, 2007.

Wondrak, Alice Karen, （Do not） Feed the Bears: Policy, Culture, and the Historical Narrative of the Yellowstone Bear, Ph. D. , University of Colorado, 2002.

论文集、期刊论文:

Adams, Charles C. , "The Conservation of Predatory Mammals", *Journal of Mammalogy*, Vol. 6, No. 2 (May, 1925).

Adams, Charles C. , "The Relation of Wildlife to the Public in National and State Parks", *Proceedings of the Second Conference of State Parks*.

Albright, Horace M. , "Research in the National Parks", *The Scientific Monthly*, Vol. 36, No. 6 (June 1933).

Albright, Horace M. , "National Parks Predator Policy", *Journal of Mammalogy* 12 (1931).

Arehart-Treichel, Joan, "Saving the Last of the Free Roaming Buffalo", *Science News*, Vol. 102, No. 10 (Sept. 2, 1972).

Attfield, Robin, "Christian Attitudes to Nature", *Journal of the History of Ideas*, Vol. 44, No. 3 (July – Sept. 1983).

Auld, Robert C., "A Means of Preserving the Purity and Establishing a Career for the American Bison of the Future", *American Naturalist*, Vol. 24, No. 285 (Sept. 1890).

Arha, Kaushand John Emmerich, "Grizzly Bear Conservation in the Greater Yellowstone Ecosystem: A Case Study in the Endangered Species Act and Federalism", in Kaush Arha and Barton H. Thompson, Jr. London eds., *The Endangered Species Act and federalism: Effective Conservation Through Greater State Commitment*, New York: RFF Press, 2011.

Byrand, Karl, "Integrating Preservation and Development at Yellowstone's Upper Geyser Basin, 1915—1940", *Historical Geography*, Volume 35 (2007).

Berger, Joel, "Greater Yellowstone's Native Ungulates: Myths and Realities", *Conservation Biology*, Vol. 5, No. 3 (Sept. 1991).

Cahalane, Victor H., "Buffalo Go Wild", *Natural History*, 53, no. 4 (1944).

Cahalane, VictorH., "Restoration of Wild Bison", in *Transactions of the Ninth North American Wildlife Conference* 9, Washington, D. C.: American Wildlife Institute, 1944.

Cahalane, Victor H., "A Program for Restoring Extirpated Mammals in the National Park System", *Journal of Mammalogy*, Vol. 52, No. 2 (May 1951).

Cahalane, Victor H., "The Status of Mammals in the U. S. National Park System, 1947", *Journal of Mammalogy*, Vol. 29, No. 3

（Aug. 1948）.

Cahalane, Victor H. , "Wildlife and the National Park Land-Use Concept", *Twelfth North American Wildlife Conference*, Washington, D. C. , 1947.

Cahalane, Victor H. , "Wildlife Management in the National Park System", *Yosemite Nature Notes*, Vol. 26, No. 5. （May 1947）.

Cahalane, Victor H. , "Wildlife Surpluses in the National Parks", *Sixth North American Wildlife Conference*, American Wildlife Institute, Washington, D. C. , 1941.

Clark, Tim W. , Elizabeth Dawn Amato, Donald G. Whittmore, and Ann H. Harvey, "Policy and Programs for Ecosystem Management in the Greater Yellowstone Ecosystem: An Analysis", *Conservation Biology*, Vol. 5, No. 3 （Sept. 1991）.

Cole, G. F. , "An Ecological Rationale for the Natural or Artificial Regulation of Native Ungulates in Parks", *Transactions of the North American Wildlife and Natural Resources Conference* 36, Washington, D. C. : Wildlife Management Institute, 1971.

Cohen, Jeremy, "The Bible, Man, and Nature in the History of Western Thought: A Call for Reassessment", *The Journal of Religion*, Vol. 65, No. 2 （Apr. 1985）.

Comstock, Theo. B. , "The Yellowstone National Park", *The American Naturalist*, Vol. 8, No. 2 （Feb. 1874）.

Cope, E. D. , "The Present Condition of the Yellowstone National Park", *The American Naturalist*, Vol. 19, No. 11 （Nov. 1885）.

Cronon, William, "A Place for Stories: Nature, History, and Narrative", *The Journal of American History*, Vol. 78, No. 4 （Mar. 1992）.

Cronon, William, "Modes of Prophecy and Productions: Placing Nature in History", *The Journal of American History*, Vol. 76, No. 4 (Mar. 1990).

Cronon, William, "Revisiting the Vanishing Frontier: The Legacy of Frederick Jonathan Turner", *The Western Historical Quarterly*, Vol. 28, No. 2 (April 1887).

Crosby, Alfred, "The Past and Present of Environmental History", *The American Historical Review*, Vol. 100, No. 4 (Oct. 1995).

Doremus, Holly, "Nature, Knowledge and Profit: Th Yellowstone Bio-prospecting Controversy and the Core Purposes of America's National Parks", 26 *Ecology* L. Q. 401 (1999).

Dobak, William A., "The Army and The Buffalo: A Demur. A Response to David D. Smits's The Frontier Army and the Destruction of the Buffalo: 1865—1883", *The Western Historical Quarterly*, Vol. 26, No. 3 (Summer 1995).

Dolph, James A. and C. Ivar Dolph, "The American Bison: His Annihilation and Preservation", *The Magazine of Western History*, Vol. 25, No. 3 (1975).

Dunlap, Thomas R., "Sport Hunting and Conservation, 1880—1920", *Environmental Review*, Vol. 12, No. 1 (Spring 1988).

Dunlap, Thomas R., "Wildlife, Science, and the National Parks, 1920—1940", *The Pacific Historical Review*, Vol. 59, No. 2 (May 1990).

Egerton, Frank, N., "Changing Concepts of the Balance of Nature", *The Quarterly Review of Biology*, Vol. 48, No. 2 (Jan. 1973).

Frantz, Joe B., The Meaning of Yellowstone: A Commentary, *Montana the Magazine of Western History*, Vol. 22, No. 3 (July 1972).

Fryxell, F. M., "The Former Range of the Bison in the Rocky Mountains",

Journal of Mammalogy, Vol. 9, No. 2 (May 1928).

Gunther, Kerry A., "Bear Management in Yellowstone National Park, 1960—1993", *Their Biology and Management*, Vol. 9, Part 1: A Selection of Papers from the Ninth International Conference on Bear Research and Management, Missoula, Montana, February 23 – 28, 1992 (1994).

Grinnell, George Bird, "The Last of the Buffalo", *Scribner's Magazine*, Vol. 12, No. 8 (Sept. 1892).

Haines, Aubrey L., "Last in the Wilderness: Truman Everts' 37 Days of Terror", *The Magazine of Western History*, Vol. 22, No. 3 (July 1972).

Hampton, H. Duane, "The United States Army and the National Parks", *The Magazine of Western History*, Vol. 22, No. 3 (July 1972).

Harrison, Peter, "Newtonian Science, Miracles, and the Laws of Nature", *Journal of the History of Ideas*, Vol. 56, No. 4 (Oct. 1995).

Harrison, Peter, "Subduing the Earth: Genesis 1. Early Modern Science, and the Exploitation of Nature", *Journal of Religion*, Vol. 79, No. 1 (Jan. 1999).

Houston, D. B., "Research on ungulates in northern Yellowstone National Park", in R. Linn, ed., *Research in the parks*. Transactions of the National Park Centennial Symposium, U. S. National Park Service Symposium Series Number 1, Washington, D. C. : U. S. Government Printing Office, 1976.

Houston, D. B., "The northern Yellowstone elk—winter distribution and management", in M. S. Boyce and L. D. Hayden-Wing, eds., *North American elk: ecology, behavior, and management*, Laramie, Wyoming: University of Wyoming, 1979.

Howard, Helen A. , "The Men Who Saved the Buffalo", *Journal of the West*, Vol. 14, No. 3 (1975).

Huff, Dan E. , and John D. Varley, "Natural Regulation in Yellowstone National Park's Northern Rang", *Ecological Applications*, Vol. 9, No. 1 (Feb. , 1999).

Huth, Hans, "The American and Nature", *Journal of the Warburg and Courtauld Institutes*, Vol. 13, No. 1/2 (1950).

Jackson, Turrentine W. , "The Creation of Yellowstone National Park", *The Mississippi Valley Historical Review*, Vol. 29, No. 2 (Sept. 1942).

Keiter, Rober, "The Greater Yellowstone Idea", in Paul Schullery and Sarah Stevenson, eds. , *People and Place: The Human Experience in Greater Yellowstone*, NPS, YCFR, YNP, 2004.

Knight, R. R. , L. L. Eberhardt, "Population dynamics of Yellowstone grizzly bears", *Ecology* 66 (April 1985).

Kidder, John, "Montana Miracle Saved the Buffalo", *The Magazine of Western History*, Vol. 15, No. 2 (1965).

Langford, Nathaniel P. , "The Wonders of Yellowstone", *Scribner's Monthly* Vol. 2, issue 1 (May 1871).

Lears, T. J. Jackson, "The Concept of Cultural Hegemony: Problems and Possibilities", *The American Historical Review*, Vol. 90, No. 3 (June 1985).

Lynn, White, Jr. , "The Historical Roots of Our Ecological Crisis", *Science*, Vol. 155, No. 3767 (10 Mar. 1967).

McGuire, T. E. , "Boyles Conception of Nature", *Journal of the History of Ideas*, Vol. 33, No. 4 (Oct. – Dec. , 1972).

Meagher, Mary and Margaret E. Meyer, "On the Origin of Brucellosis in Bison of Yellowstone National Park: A Review", *Conservation Biolo-*

gy, Vol. 8, No. 3 (Sept. 1994).

Meagher, Mary and Linda Wallace, "Window on a Vanished World", *Natural Science* (July 1993).

Meagher, Margaret Mary, *The Bison of Yellowstone National Park*, Washington, D. C.: Government Printing Office, 1973.

Merchant, Carolyn, "Gender and Environmental History", *The Journal of American History*, Vol. 76, No. 4 (Mar. 1990).

Moncrief, Lewis, W., "The Cultural Basis for Our Environmental Crisis", *Science*, Vol. 170, No. 3957 (Oct. 30, 1970).

Morgan, Edmund S., "The Labor Problem at Jamestown, 1607—1618", *The American Historical Review*, Vol. 76, No. 3 (June 1971).

Murie, A., *Ecology of the Coyote in Yellowstone*, National Park Service Fauna Series, no. 5. Washington, D. C.: GPO, 1940.

Murie, A., *The Wolves of Mt. Mckinley*, National Park Service Fauna Series, no. 5. Washington, D. C.: GPO, 1944.

Nash, Roderick, "The American Invention of National Parks", *American Quarterly*, Vol. 22, No. 3 (Autumn 1970).

Owens, Kenneth N. and Sally L. Owens, "Buffalo and Bacteria", *Magazine of Western History*, Vol. 37, No. 2 (1987).

Parker, Israel D. and Andrea M. Feldpausch-Parker. "Yellowstone Grizzly Delisting Rhetoric: An Analysis of the Online Debate", *Wildlife Society Bulletin* 2013, 37 (2).

Peterson, Shannon, "Bison to Blue Whales: Protecting Endangered Species Before the Endangered Species Act of 1993", *Environmental Law and Policy Journal*, Vol. 22, No. 4 (Spring 1999).

Pinchot, Gifford, "How Conservation Began in the United States", *Agricultural History*, Vol. 11 (1937).

Pickett, Steward T. A. and Richard S. Ostfeld, "The Shifting Paradigm", in Richard L. Knight and Sarah F. Bates, eds. , *Ecology*, in New Century for Natural Resources Management, Washington, D. C. : Island Press, 1995.

Primm, Steven A. , and Tim W. Clark, "The Greater Yellowstone policy debate: What is the Policy Problem?" *Policy Sciences*, 29 (1996).

Price, David and PaulSchullery, "The Bison of Yellowstone: The Challenge of Conservation", *Bison World* (Nov. /Dec. 1993).

Rabb, Theodore K. , "The Expansion of Europe and the Spirit of Capitalism", *The Historical Journal*, Vol. 17, No. 4 (Dec. 1974).

Roosevelt, Theodore, "The Boone and Crockett Club", *Harper's Weekly* (18 March 1893).

Schullery, Paul and Lee H. Whittlesey, "Greater Yellowstone Carnivores: A History of Changing Attitudes", in Tim Clark, and others eds. , *Carnivores in Ecosystems: The Yellowstone Experience*, New Haven, CT: Yale University Press, 1999.

Schullery, Paul, " 'Buffalo' Jones and the Bison Herd in Yellowstone: Another Look", *The Magazine of Western History*, Vol. 26, No. 3 (Summer, 1976).

Schullery, Paul, "A Partnership in Conservation: Roosevelt & Yellowstone", *The Magazine of Western History*, Vol. 28, No. 3 (July 1978).

Schullery, Paul, "Buffalo Jones and the Bison Herd in Yellowstone: Another Look", *The Magazine of Western History*, Vol. 26, No. 3 (1976).

Schullery, Paul, "Drawing the Lines in Yellowstone: The American Bison as Symbol and Scourge", *Orion Nature Quarterly*, Vol. 5, No. 4

（1986）.

Sellers, Richard West, "Science or Scenery? A Conflict of Values in the National Parks", *Wilderness* Vol. 52 (Summer 1989).

Shafer, Craig L., "Conservation Biology Trailblazers: George Wright, Ben Thompson, and Joseph Dixon", *Conservation Biology*, Vol. 15, No. 2 (Apr. 2001).

Slotkin, Richard, "Nostalgia and Progress: Theodore Roosevelt's Myth of the Frontier", *American Quarterly*, Vol. 33, No. 5 (Winter 1981).

Smith, Douglas W., L. DavidMerh, Mary Meagher, Wendy E. Clark, Rosemary Jaffe, Michael K. Phillips, and John A. Mark, "Wolf-Bison Interactions in Yellowstone National Park", *Journal of Mammalogy*, Vol. 81, No. 4 (Nov. 2000).

Smith, Robert Leo., "Ecological Genesis of Endangered Species: The Philosophy of Preservation", *Annual Review of Ecology and Systematics*, Vol. 7 (1996).

Smits, David D., "The Frontier Army and the Destruction of the Buffalo: 1865—1883", *The Western Historical Quarterly*, Vol. 25, No. 3 (Autumn 1994).

Smits, David D., More on the Army and the Buffalo: The Author's Reply, *The Western Historical Quarterly*, Vol. 26, No. 2 (Summer 1995).

Soukup, Michael, Mary K. Foley, Ronald Hiebert, and Dan E. Huff, "Wildlife Management in the U. S. National Parks: Natural Regulation Revisited", *Ecological Applications*, Vol. 9, No. 1 (Feb. 1999).

Southgate, B. C., "Forgotten and Lost: Some Reactions to Autonomous Science in the Seventeenth Century", *Journal of the History of Ideas*, Vol. 50, No. 2 (Apr. – Jun. 1989).

Swain, Donald, "The National Park Service and the New Deal, 1933—1940", *Pacific Historical Review*, Vol. 41 (Aug. 1972).

Sumner, F. B., "The Responsibility of the Biologist in the Matter of Preserving Natural Conditions", *Science*, New Series, Vol. 54, No. 1385 (Jul. 15, 1921).

Trigger, Bruce G., "Early Native North American Responses to European Contact: Romantic versus Rationalistic Interpretations", *The Journal of American History*, Vol. 77, No. 4 (March 1999).

Shrader-Frechette, Kristin S. and Earl D. McCoy, "Natural Landscapes, Natural Communities, and Natural Ecosystem", *Forest and Conservation History*, 39 (July 1995).

Weaver, J., "of Wolves and Grizzly Bears", *Western Wildlands* 12 (May 1986).

White, Richard, "Discovering Nature in North America", *The Journal of American History*, Vol. 79, No. 3 (Dec., 1992).

Whittlesey, Lee H., "Cows all Over the Place: The Historic Setting for the Transmission of Brucellosis to Yellowstone Bison by Domestic Cattle", *Wyoming Annals* (Winter 1994—1995).

Worster, Donald, "New West, True West: Interpreting the Region's History", *The Western Historical Quarterly*, Vol. 28, No. 2 (April 1987).

Worster, Donald, "Seeing Beyond Culture", *The Journal of American History*, Vol. 76, No. 4 (March 1990).

Worster, Donald, "Transformation of the Earth: Toward an Agroecological Perspective in History", *The Journal of American History*, Vol. 76, No. 4 (Mar. 1990).

Wright, George M., "Big Game of Our National Parks", *The Scientific Monthly*, Vol. 41, No. 2 (Aug. 1935).

后　记

本书是在我的博士论文的基础上修改而成。博士论文的完成，有赖于众多老师和亲朋好友的支持和鼓励！衷心感谢他们对我的帮助和关心！

衷心感谢恩师李工真教授！李老师治学严谨、思维敏锐、学术精深，令我仰之弥高。恩师耳提面授，教我为人，教我作文，总会在重要的时刻点拨我。现在回想，我天资愚钝，总是不能深刻理解老师的教诲，今后唯有以勤奋来弥补。

衷心感谢徐友珍教授、潘迎春教授、谢国荣教授，三位老师认真审阅了我的论文，抽出宝贵的时间进行耐心指导。衷心感谢熊芳芳老师、蒋焰老师在开题报告时对我的鼓励和提出的建议！衷心感谢山东师范大学王玮教授、湖北师范大学毕道村教授，在答辩时对我进行鼓励和指导！

衷心感谢清华大学梅雪芹教授对我的鼓励和帮助！梅老师无私地把自己的大作拿出来给我学习，在昆明开会期间一再鼓励我努力学习！衷心感谢武汉大学马克思主义学院刘俊奇教授对我一直予以关心和指导！

南京师范大学王玉山博士耐心地指出我学习和研究中的一些问题，把自己的治学心得分享给我，实在令我感动不已！西南林业大学陈元惠博士、张俊忠博士在美国访学期间为我查找了资料，使我获得了不少珍贵的资料，衷心感谢两位博士！特别感谢武汉大学外语学院廖百秋博士对英文摘要耐心细致的修改！衷心感谢师弟李超博士、孙濛戈博士的陪伴和帮助！

武大的时光是值得珍惜的！博士四年多时间，同学们在一起相谈甚欢，并总是鼓励和帮助我，使得清苦的生活充满了快乐。衷心感谢我的博士同学们：赵博文、王翠柏、黄倩、李园、黎俊明、靳小勇、高一致、谌炎、孙一仰、焦晓云。

在撰写博士论文时，朋友们的陪伴和关心令我倍感温暖！聂军、马金华是我的老同学，他们多次专程从钟祥、沙洋来到武汉看望我，令我今生难忘！衷心感谢赵乐静、祝建兵、张海夫、王传发、李正亭、王海亭、宋向杰、宋航、林天送、杨正伟、谢林坤、黄佺等兄长和朋友，他们总是在生活上关心我，为我排忧解难！

从博士论文到修改成书，特别感谢部门领导王传发、马军、张海夫三位教授的鼓励和支持，也特别感谢办公室主任邓成琼副教授的鼓励和支持！感谢研究生夏琳同学认真细致的校稿！还要特别感谢中国社会科学出版社安芳编辑的关心、支持和帮助。

感谢我的父母对我最真挚最无私的关心和帮助！多年来，妻子梁艳女士总是支持和鼓励我，毫无怨言地挑起了家庭的重任，我的每一点进步都离不开她。

由于本人学疏才浅，天资愚钝，疏漏之处在所难免，敬请阅者批评指正。

本书受西南林业大学马克思主义学院云南省首批重点马克思主义学院发展基金的资助，在此致以诚挚的谢意！

王俊勇
2021 年 5 月 16 日